第 1 章 发布 Flash 视频动画

第 2 章 绘制 Q 版
卡通人物

第 2 章 绘制卡通猫动画

第 2 章 绘制卡通女孩

第 2 章 制作荷花

第 3 章 制作山坡场景

第 3 章 制作圣诞场景

第 3 章 制作童趣森林动画

第 4 章 制作名片

第 4 章 制作音乐节海报

第 4 章 制作招聘网页

第 5 章 合成郊外场景

第 5 章 合成蘑菇森林场景

第 5 章 制作卡通跳跃动画

第 5 章 制作万圣节贺卡

第 6 章 制作开花逐帧
动画

第 6 章 制作飘散字效果

第 6 章 制作宇宙动画

第 7 章 制作百叶窗遮罩动画

第 7 章 制作枫叶引导动画

第 7 章 制作拖拉机

第 8 章 制作游戏场景 4

第 8 章 制作 3D
旋转相册动画

第 9 章 制作电子时钟动画文档

第 9 章 制作帆船航行动画

第 9 章 制作游戏人物介绍界面动画

第 9 章 制作花瓣飘落动画

第 10 章 制作电视节目预告

第 10 章 制作明信片

第 7 章 制作蝴蝶飞飞动画

第 8 章 制作雪夜特效动画

第 8 章 制作皮影戏动画

第 10 章 制作有声飞机动画

第 11 章 制作 24 小时反馈问卷文档

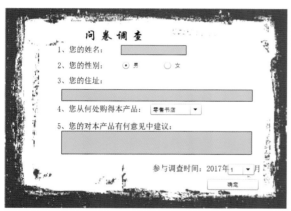
第 11 章 制作产品问卷调查

第 11 章 制作留言板

第 11 章 制作问卷调查表

第 12 章 发布迷路的小孩动画

第 12 章 发布风景动画

第 12 章 优化刺猬动画

第 12 章 将散步的小狗发布为网页动画

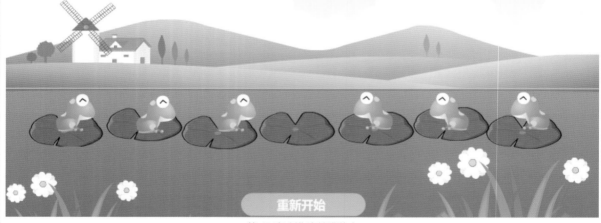

第 13 章 制作青蛙跳游戏

第 13 章 打地鼠游戏

第 13 章 制作童年 MTV

"十三五"职业教育国家规划教材

O2O 高等院校O2O新形态立体化系列规划教材

Flash CS6

动画设计

教程｜双色微课版

徐畅 景学红 ◎ 主编

刘淑英 盛夏 徐小莹 ◎ 副主编

人民邮电出版社

北 京

图书在版编目（CIP）数据

Flash CS6动画设计教程：双色微课版 / 徐畅，景
学红主编. -- 2版. -- 北京：人民邮电出版社，2017.10（2022.1重印）
高等院校O2O新形态立体化系列规划教材
ISBN 978-7-115-46418-7

Ⅰ. ①F… Ⅱ. ①徐… ②景… Ⅲ. ①动画制作软件—
高等学校—教材 Ⅳ. ①TP391.41

中国版本图书馆CIP数据核字(2017)第172814号

内 容 提 要

Flash 是制作网页、游戏等动画的软件。本书主要讲解 Flash CS6 的基础知识，包括：绘制图形，编辑图形，创建文本；使用素材和元件，制作基础动画，制作高级动画，制作视觉特效和骨骼动画；使用 ActionScript 脚本，处理声音和视频；使用组件，优化与发布动画等知识。本书还通过最后的综合案例，让读者了解一款完整的游戏从构思到完成的所有过程。本书在附录中还列出了一些 Flash 常用的快捷键，Flash 能力提升网站推荐，以便提升读者的操作效率。

本书由浅入深、循序渐进，采用情景导入案例的方式讲解软件知识，然后通过"项目实训"和"课后练习"加强对学习内容的训练，最后通过"技巧提升"来提升学生的综合学习能力。全书通过大量的案例和练习，着重培养学生实际应用的能力，并将职业场景引入课堂教学，让学生提前体验实际工作。

本书适合作为高等院校动画设计相关教程的教材，也可作为各类社会培训学校相关课程的教材，同时还可供 Flash 初学者自学使用。

◆ 主　　编　徐　畅　景学红
　　副 主 编　刘淑英　盛　夏　徐小萱
　　责任编辑　马小霞
　　责任印制　马振武

◆ 人民邮电出版社出版发行　　北京市丰台区成寿寺路 11 号
　　邮编　100164　电子邮件　315@ptpress.com.cn
　　网址　http://www.ptpress.com.cn
　　三河市君旺印务有限公司印刷

◆ 开本：787×1092　1/16　　　彩插：2
　　印张：15.5　　　　　　　　2017 年 10 月第 2 版
　　字数：384 千字　　　　　　2022 年 1 月河北第 9 次印刷

定价：54.00 元

读者服务热线：(010)81055256　印装质量热线：(010)81055316
反盗版热线：(010)81055315
广告经营许可证：京东市监广登字 20170147 号

前 言
PREFACE

　　根据现代教育教学的需要，我们组织了一批优秀的、具有丰富教学经验和实践经验的作者团队编写了本套"高等院校O2O新形态立体化系列规划教材"。

　　教材进入学校已有三年多的时间，在这个时段里，我们很庆幸这套图书能够帮助老师授课，并得到广大老师的认可；同时我们更加庆幸，老师们在使用教材的同时，给我们提出了很多宝贵的建议。为了让本套教材更好地服务广大老师和同学，我们根据一线老师的建议，开始着手教材的改版工作。改版后的教材拥有案例更多、行业知识更全、练习更多等优点。在教学方法、教学内容和教学资源3个方面体现出自己的特色，更加适合现代教学需要。

教学方法

　　本书根据"情景导入→课堂案例→项目实训→课后练习→技巧提升"5段教学法，将职业场景、软件知识、行业知识进行有机整合，各个环节环环相扣，浑然一体。

● **情景导入**：本书以职业场景展开，以主人公的实习情景模式为例引入各章教学主题，并贯穿于课堂案例的讲解中，让学生了解相关知识点在实际工作中的应用情况。教材中设定的主人公有两个。

　　米拉——职场新人，昵称小米。

　　洪钧威——人称老洪，米拉的顶头上司，职场的引路人。

● **课堂案例**：以来源于职场和实际工作中的案例为主线，以米拉的职场经历引入每个课堂案例。因为这些案例均来自职场，所以应用性非常强。在每个课堂案例中，我们不仅讲解了案例涉及的Flash软件知识，还讲解了与案例相关的行业知识，并通过"职业素养"的形式展现出来。在案例的制作过程中，穿插有"知识提示""多学一招"小栏目，以提升学生的软件操作技能，拓展学生的知识面。

● **项目实训**：结合课堂案例讲解的知识点和实际工作的需要进行综合训练。训练注重学生的自我总结和学习，所以在项目实训中，我们只提供适当的操作思路及步骤提示供参考，要求学生独立完成操作，充分训练学生的动手能力。同时，本书增加与本实训相关的"专业背景"，让学生提升自己的综合能力。

● **课后练习**：结合章节内容给出难度适中的上机操作题，可以让学生强化巩固所学知识。

● **技巧提升**：以本章案例涉及的知识为主线，深入讲解软件的相关知识，让学生可以更便捷地操作软件，学到软件的更多高级功能。

教学内容

本书的教学目标是帮助学生循序渐进地掌握Flash动画设计技术，具体包括掌握Flash CS6动画设计基础知识，能够运用工具栏中的各种工具绘制、编辑图形和文本，掌握动画的制作和脚本的添加，学会3D工具、Deco工具和骨骼工具的应用。全书共13章，分为以下5个部分。

● **第1~3章**：主要讲解Flash CS6的基础知识，以及在Flash CS6中创建和编辑图形的基本操作。

● **第4~5章**：主要讲解各种文本的创建，以及素材和元件的使用方法。

● **第6~11章**：主要讲解补间动画、引导动画、遮罩动画、视觉动画、骨骼动画的制作，以及脚本、声音、视频和组件的应用等知识。

● **第12章**：主要讲解如何测试、优化动画，以及如何导出和发布动画等知识。

● **第13章**：讲解了综合案例——打地鼠游戏的制作，进一步巩固所学的知识。

平台支撑

人民邮电出版社充分发挥在线教育方面的技术优势、内容优势、人才优势，潜心研究，为读者提供一种"纸质图书+在线课程"相配套，全方位学习Flash动画设计的解决方案。读者可根据个人需求，利用图书和"微课云课堂"平台上的在线课程进行碎片化、移动化的学习，以便快速全面地掌握Flash动画设计以及与之相关联的其他软件。

"微课云课堂"目前包含近50000个微课视频，在资源展现上分为"微课云""云课堂"这两种形式。"微课云"是该平台中所有微课的集中展示区，用户可随需选择；"云课堂"是在现有微课云的基础上，为用户组建的推荐课程群，用户可以在"云课堂"中按推荐的课程进行系统化学习，或者将"微课云"中的内容进行自由组合，定制符合自己需求的课程。

"微课云课堂"主要特点

微课资源海量，持续不断更新："微课云课堂"充分利用了出版社在信息技术领域的优势，以人民邮电出版社60多年的发展积累为基础，将资源经过分类、整理、加工以及微课化之后提供给用户。

资源精心分类，方便自主学习："微课云课堂"相当于一个庞大的微课视频资源库，按照门类进行一级和二级分类，以及难度等级分类，不同专业、不同层次的用户均可以在平台中搜索自己需要或者感兴趣的内容资源。

多终端自适应，碎片化移动化：绝大部分微课时长不超过十分钟，可以满足读者碎片化学习的需要；平台支持多终端自适应显示，除了在PC端使用外，用户还可以在移动端随心所欲地进行学习。

"微课云课堂"使用方法

扫描封面上的二维码或者直接登录"微课云课堂"（www.ryweike.com）→用手机号码注册→在用户中心输入本书激活码（93dfc5d4），将本书包含的微课资源添加到个人账户，获取永久在线观看本课程微课视频的权限。

此外，购买本书的读者还将获得一年期价值168元的VIP会员资格，可免费学习50000微课视频。

教学资源

本书的教学资源包括以下几个方面的内容。

● **素材文件与效果文件**：包含书中实例涉及的素材与效果文件。

● **模拟试题库**：包含丰富的关于Flash动画设计的相关试题，读者可自动组合出不同的试卷进行测试。另外，本书还提供了两套完整的模拟试题，以便读者测试和练习。

● **PPT课件和教学教案**：包括PPT课件和Word文档格式的教学教案，以便老师顺利开展教学工作。

● **拓展资源**：包含动画欣赏和设计素材等。

特别提醒：上述教学资源可访问人民邮电出版社人邮教育社区（http://www.ryjiaoyu.com/），搜索书名下载，或者发电子邮件至dxbook@qq.com索取。

本书涉及的所有案例、实训、讲解的重要知识点都提供了二维码，学生只需用手机扫描即可查看对应的操作演示和知识点的讲解，方便学生灵活地运用碎片时间，即时学习。

本书由徐畅、景学红任主编，刘淑英、盛夏、徐小萱任副主编，刘畅参编。虽然编者在编写本书的过程中倾注了大量心血，但恐百密之中仍有疏漏，恳请广大读者不吝赐教。

编　者
2017年7月

目 录

CONTENTS

第9章 使用ActionScript脚本 149

第10章 处理声音和视频 166

第11章 使用组件 183

第12章　优化与发布动画　202

第13章　综合案例——打地鼠游戏　218

附录　235

CHAPTER 1

第1章
Flash CS6基础知识

情景导入

米拉刚到一家设计公司实习，上司老洪想让她帮忙制作动画，可她不会使用动画制作软件Flash。于是，老洪决定让她从零开始学起，首先就要了解Flash CS6的工作界面，并掌握Flash CS6的基本操作。

学习目标

● 简要了解Flash动画
　　如Flash动画的特点、Flash动画的应用领域、Flash动画的制作流程等。
● 掌握"风车"动画的制作方法
　　如打开"风车"动画文档、Flash CS6的工作界面、自定义工作界面、退出Flash CS6等。

案例展示

▲打开"风车"动画文档

▲打开并预览"网站"动画

1.1 Flash动画概述

Flash是一款由美国Macromedia公司设计的矢量二维动画制作软件，被Adobe公司收购后，已更名为Adobe Flash。Flash主要用于网页设计和多媒体动画的创作，它和Fireworks及Dreamweaver并称为网页三剑客。Flash具有简单易学、效果流畅、风格多变等特点，结合图片和声音等其他素材可创作出精美的二维动画，因此受到动画专业制作人员和动画爱好者的青睐。本章将从Flash CS6的应用领域、工作界面和基本操作出发，对Flash进行介绍。

1.1.1 Flash动画的特点

Flash动画具有以下5个优点。

● **高保真性**：在Flash中绘制的图形为矢量图形，放大后不会产生锯齿，不会失真。
● **交互性**：Flash动画利用ActionScript语句或交互组件，可以制作具有交互性的动画。用户可以通过输入和选择等动作，决定动画的运行，从而更好地满足用户的需要，这是传统动画无法比拟的。
● **成本低**：传统动画从前期的脚本、场景和人物设计到后期的合成和配音等，每个环节都会花费大量的人力和物力，而Flash动画的制作从前期到后期基本上可以由一个人来完成，可节省大量成本。
● **适合网络传播**：Flash动画使用基于"流"式的播放技术，且Flash动画文件较小，因此非常适合网络传播。
● **软件互通性强**：在Flash中可引用或导入多种文件，也可直接在Flash中打开Photoshop软件对Flash中的图形进行编辑，并且编辑后的效果可实时地在Flash中得以体现。

1.1.2 Flash动画的应用领域

Flash软件可以实现多种动画特效。这些动画特效是由一帧帧的静态图片在短时间内连续播放而产生的视觉效果。现阶段Flash主要用于制作娱乐短片、片头、广告、MV、导航条、小游戏和教学课件等。

1．娱乐短片

娱乐短片是当前国内最火爆，也是广大Flash爱好者最热衷的Flash应用领域。该领域主要利用Flash制作动画短片，以供大家娱乐。这是一个发展潜力很大的领域，也是Flash爱好者展现自我的领域。图1-1所示就是Flash制作的娱乐短片。

2．MV

MV是Flash应用比较广泛的形式，如图1-2所示。在一些Flash制作网站中，几乎每周都有新的MV作品产生。在国内，用Flash制作MV也开始有了商业用途。

3．游戏

现在有很多网站都提供了在线游戏。这种运行在网页上的游戏大多是使用Flash开发制作的，由于其操作简单、画面美观，越来越受众多用户的喜爱。图1-3所示为游戏的截图。在游戏制作的过程中，也会应用到Flash的交互设计功能。

4．导航条

导航条是网页设计中不可缺少的部分，其通过一定的技术手段，为网站的访问者提供一定的访问路径，使其可以方便地访问到所需的内容，即在浏览网站时可以快速从一个页面转移到另一个页面。使用Flash制作出来的导航条功能非常强大，是制作菜单的首选，图1-4所示即为某网站的导航条。

图1-1 娱乐短片

图1-2 MV

图1-3 Flash小游戏

图1-4 Flash导航条

5．片头

片头一般用于介绍企业形象从而达到吸引浏览者查看的作用。许多网站都使用一段简单精美的片头动画作为过渡页面。精美的片头动画，可以在短时间内把企业的整体信息传播给访问者，加深访问者对该企业的印象，图1-5所示为网站的片头动画效果图。

6．广告

现在网络中各种页面广告大多是使用Flash制作的。使用Flash制作广告不仅利于网络传输，还能将其导出为视频格式，并在传统的电视媒体上播放，使其能满足多平台播放的需要，图1-6所示为某广告的效果图。

图1-5 Flash片头

图1-6 Flash广告

7．Flash网站

网站是宣传企业形象、扩展企业业务的重要途径，为了吸引浏览者的注意力，现在有些企业使用Flash制作网站，如图1-7所示。

8．产品展示

由于Flash拥有强大的交互功能，所以很多公司都会使用Flash来制作产品展示动画。浏览者可以选择观看的产品信息，因此Flash互动的展示比传统的展示更胜一筹，如图1-8所示。

图1-7　Flash网站

图1-8　产品展示

9．UI

Flash在UI（User Interface，用户界面）方面的应用也比较广泛，主要应用在手机、电视、儿童教育领域。比如，SonyEricsson、Realtek、Actions等嵌入式系统的企业，都推出了用Flash制作的用户界面的UI系统，图1-9所示为基于Flash的聊天软件的UI设计。

图1-9　UI

行业提示

动画设计就业方向与前景

由于Flash的应用领域广泛，所以能熟练使用Flash技能的人才的就业方向及前景是比较乐观的。Flash技能人才可根据自身特点，从事美术设计、项目策划、程序开发等领域的工作，可以从事的行业包括影视动画、网站建设、游戏制作、Flash软件开发及互动营销等。

1.1.3　Flash动画的制作流程

传统的动画制作需要经过很多道工序，使用Flash制作也一样，需要精心策划，然后按照策划一步一步执行操作。制作Flash的步骤如下所述。

1．前期策划

无论什么类型的工作，都需要前期策划。这也是对工作的一个预期。在策划动画时，首先需要明确制作动画的目的，针对的顾客群和动画的风格、色调等。确定这些以后，再根据顾客的需求制作一套完整的设计方案，对动画中出现的人物、背景、音乐及动画剧情的设计等要素做具体的安排，以方便素材的搜集。

2．搜集素材

要有针对性地搜集素材，以节省时间，避免盲目性地搜集一些无用的素材。完成素材搜集后还需对素材进行编辑，才能用于制作动画。

3．制作动画

制作动画的好坏直接决定Flash作品的成功与否。在制作动画时，需要经常对添加的操作和命令进行测试，观察动画的协调性，以便及时对问题进行修改。若在后期才发现问题，再来修改将会极大地增加工作量，严重的问题可能导致从头开始制作动画。

4．后期调试与优化

动画制作完成后需要对其进行调试，调试的目的是使整个动画看起来更加流畅，符合运动规律。调试主要是对动画对象的细节、声音与动画的衔接等进行调整，从而保证动画的最终效果和质量。

5．测试动画

调试并优化动画后，即可对动画进行测试。由于不同的计算机，其软、硬件的配置不同，因此测试动画应尽量在不同配置的电脑上进行，然后根据测试的结果对出现的问题进行修改，使动画在不同配置的计算机上的播放效果均比较完美。

6．发布动画

测试完成后，即可发布动画。在发布动画时，用户可对动画的格式、画面品质和声音等进行设置。根据不同的用途及使用环境，发布不同格式和画面品质的动画。

1.2　课堂案例：通过"风车"动画认识Flash CS6

米拉已经了解了Flash的特点和应用领域，接下来需要打开动画文档，并熟悉Flash CS6的工作界面。只有熟悉了工作界面，在进行操作时，才能快速地找到相应的命令和操作工具。结合已有的素材，可帮助米拉更加快速地认识Flash CS6的工作界面。

 素材所在位置　素材文件\第1章\课堂案例\风车.fla

1.2.1　打开"风车"动画文档

安装Flash CS6后，可以直接双击存储在计算机中的Flash源文件（扩展名为.fla），启动Flash CS6并打开Flash文件。另外，也可以先启动Flash CS6软件，再通过选择菜单命令的方式打开Flash文件。启动Flash CS6主要通过"开始"菜单来实现，具体操作如下。

（1）选择【开始】/【所有程序】/【Adobe】/【Adobe Flash Professional CS6】菜单命令，启动Flash CS6程序，如图1-10所示。

微课视频

打开"风车"动画文档

（2）选择【文件】/【打开】菜单命令，或在欢迎屏幕"打开最近的项目"栏中选择"打开"命令，如图1-11所示。

图1-10　启动Flash CS6

图1-11　打开Flash文件

（3）打开"打开"对话框，在"查找范围"下拉列表框中选择要打开的Flash文件，再单击 打开(O) 按钮完成Flash文件的打开操作，如图1-12所示。

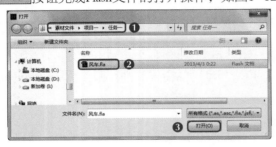

图1-12　选择并打开Flash文件

双击快速打开文件

多学一招　　在"打开"对话框的文件列表框中双击要打开的Flash文件，可快速打开Flash文件。

1.2.2　认识Flash CS6启动界面

在Flash的启动界面中可以进行多种操作，如图1-13所示。

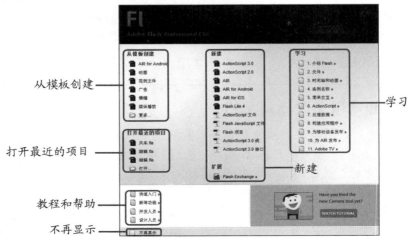

图1-13　启动界面

Flash CS6启动界面的各板块具体介绍如下。

- 从模板创建：在该栏中单击相应的模板类型，可创建基于模板的Flash动画文件。
- 打开最近项目：在该栏中可以通过选择"打开"命令，打开文档。该栏还可显示最近打开过的文档，单击文档的名称，可快速打开相应的文档。
- 新建：该栏中的选项表示可以在Flash CS6中创建的新项目类型。
- 学习：在该栏中选择相应的选项，可链接到Adobe官方网站相应的学习目录。
- 教程和帮助：选择该栏中的任意选项，可打开Flash CS6的相关帮助文件和教程等。
- 不再显示：单击选中 ☑ 不再显示 复选框，在下次启动Flash时，将不再显示启动界面。

1.2.3 认识Flash CS6工作界面

Flash CS6的工作界面主要由菜单栏、面板（包括时间轴面板、工具箱、属性面板等）、场景和舞台组成。Flash CS6的工作界面如图1-14所示。

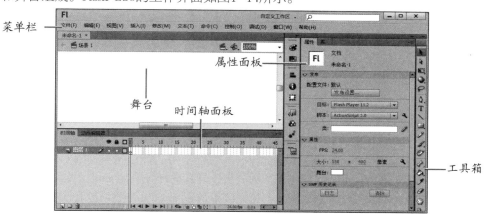

图1-14　Flash CS6的工作界面

1．菜单栏

Flash CS6的菜单栏主要包括文件、编辑、视图、插入、修改、文本、命令、控制、调试、窗口、帮助等选项。在制作Flash动画时，通过执行对应菜单中的命令，即可实现特定的操作。

2．面板

Flash CS6为用户提供了众多人性化的操作面板，常用的面板包括时间轴面板、工具箱、属性面板、颜色面板、库面板等，下面分别进行介绍。

- 时间轴面板：时间轴用于创建动画和控制动画的播放进程。时间轴面板左侧为图层区，用于控制和管理动画中的图层；右侧为时间轴区，可实现动画的不同效果。图层区主要包括图层、图层按钮、图层图标，其中，图层用于显示图层的名称和编辑状态；按钮 ▢ ▢ 🗑 分别用于新建图层、新建图层组及删除图层；图标 ● 🔒 ▢ 用于控制图层的各种状态，如隐藏、锁定等。时间轴主要包括帧、标尺、播放指针、帧频、按钮图标等。帧是制作Flash动画的重要元素。按钮图标分别表示使帧居中、绘图纸外观、绘图纸外观轮廓、编辑多个帧、修改绘图纸标记、当前帧。图1-15所示为时间轴面板中常见的组成元素。

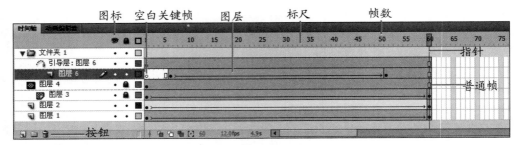

图1-15　时间轴面板

● 工具箱：工具箱主要由"工具""查看""颜色""选项"等部分组成，可用于绘制、选择、填充、编辑图形。各种工具不但具有相应的绘图功能，还可设置相应的选项和属性。比如，"颜料桶工具"有不同的封闭选项、颜色和样式等属性，如图1-16所示。

图1-16　工具箱

● 属性面板：属性面板是一个非常实用而又特殊的面板，常用于设置绘制对象或其他元素（如帧）的属性。属性面板没有特定的参数选项，它会随着选择工具对象的不同而出现不同的参数。图1-17所示为选择铅笔工具后的属性面板（面板经过调整）。

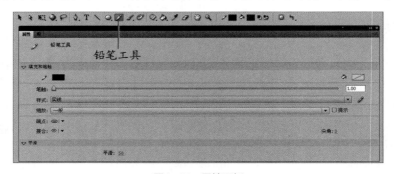

图1-17　属性面板

● 颜色面板：颜色面板是绘制图形的重要部分，主要用于填充笔触颜色和填充颜色，颜色面板包括样本和颜色两个面板。图1-18所示分别为样本面板和颜色面板。

3．场景和舞台

场景和舞台效果如图1-19所示，其中Flash场景包括舞台、标签等。图形的制作、编辑和动画的创作都必须在场景中进行。一个动画可以包括多个场景。舞

图1-18　颜色面板

台是场景中最主要的部分，动画的展示只能在舞台上显示，通过文档属性可以设置舞台大小和背景颜色。

图1-19　场景和舞台

1.2.4　自定义工作界面

在Flash CS6中，用户还可根据使用习惯，自定义工作界面。

1．自定义工作区

Flash中的各个面板均可拖动，在面板的标题栏上单击鼠标左键不放并拖动，即可调整面板的位置，具体操作如下。

微课视频

自定义工作区

（1）单击工具栏顶部的标题栏并按住鼠标不放进行拖动，将其拖曳至"属性"面板的左侧，当"属性"面板和面板组之间出现一条蓝色的竖线时松开鼠标，工具栏即可移动到"属性"面板左侧，如图1-20所示。

（2）将鼠标指针移至面板组和工具栏之间，当鼠标指针变为↔形状时，按住鼠标左键不放向右拖动，即可调整工具栏的大小，如图1-21所示。

（3）选择【窗口】/【工作区】/【新建工作区】菜单命令，打开"新建工作区"对话框，在"名称"文本框中输入自定义工作区的名称，单击 确定 按钮，即可将当前工作区的布局定义为一个新的工作区，如图1-22所示。

图1-20　移动工具栏

图1-21　调整工具栏

图1-22　新建工作区

知识提示

快速选择工作区

　　在【窗口】/【工作区】菜单命令中包含了多种类型的工作区，读者可根据自身需要进行选择。同时，自定义的工作区也将被包含在工作区中。在标题栏上单击 基本功能 按钮，也可快速地选择工作区。

第1章

Flash CS6基础知识

9

2．管理工作区

在Flash CS6中，读者还可对自定义的工作区进行管理。若对现有的工作区不满意，还可将其恢复为默认的工作布局。

（1）单击标题栏的 基本功能 ▾ 按钮，在打开的下拉列表中选择"管理工作区"选项，打开"管理工作区"对话框。

（2）在左侧的列表中选择"自定义工作区"选项，在右侧单击 删除 按钮，在打开的提示对话框中单击 是 按钮即可将"自定义工作区"删除，如图1-23所示，此时，当前的工作区布局即可恢复为默认的"基本功能"布局。

（3）返回"管理工作区"对话框，单击 确定 按钮即可。

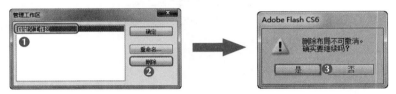

图1-23　管理工作区

快速实现页面布局

在上述步骤(1)打开的下拉列表中选择"重置'基本功能'"选项，可快速将工作界面恢复为默认的"基本功能"布局界面。选择【窗口】/【隐藏面板】菜单命令或按【F4】键可将舞台工作区最大化，同时隐藏其他所有面板。

1.2.5　退出Flash CS6

退出Flash CS6的方法有多种，具体如下。

● 选择【文件】/【退出】菜单命令。

● 按【Ctrl+Q】组合键。

● 单击界面右上角的"关闭"按钮 ✕ 。

1.3　课堂案例：创建和设置"范例"动画文档

熟悉了Flash CS6的工作界面之后，米拉开始动手创建自己的动画文档。这时，米拉发现原来创建动画文档也有不同的方法，创建之后还可对文档的属性进行设置。

效果所在位置　效果文件\第1章\课堂案例\范例更改.fla

1.3.1　新建动画文档

新建动画文档时，不仅可新建基于不同脚本语言的Flash动画文档，还可新建基于模板的动画文档。

1．创建新文档

在制作Flash动画之前需要新建一个Flash文档，新建空白Flash动画文档的方法有以下两种。

- 在启动界面中选择"新建"栏下的一种脚本语言，即可新建基于该脚本语言的动画文档，一般情况下选择"ActionScript 3.0"选项。
- 在Flash CS6的工作界面中，选择【文件】/【新建】菜单命令，或按【Ctrl+N】组合键，打开"新建文档"对话框。在该对话框的"常规"选项卡中选择，然后单击 确定 按钮也可创建新文档。

2．根据模板创建Flash动画

下面介绍如何创建基于模板的动画文档，其具体操作如下。

（1）选择【文件】/【新建】菜单命令，打开"新建文档"对话框，单击"模板"选项卡。

（2）在"类别"列表框中选择"范例文件"选项，在"模板"列表框中选择"IK 曲棍球手范例"选项，单击 确定 按钮，如图1-24所示。

微课视频
根据模板创建 Flash 动画

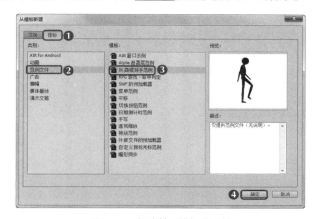

图1-24　新建基于模板的文档

1.3.2　设置动画文档的属性

新建好文档后，即可对文档中的内容进行编辑。在编辑之前，读者可根据需要对文档的舞台、背景和帧频等进行设置。

微课视频
设置舞台大小

1．设置舞台大小

在打开的动画文档中，可对舞台的大小进行编辑和重设，具体操作如下。

（1）在"属性"面板的"属性"栏中单击"大小"右侧的"编辑文档属性"按钮，打开"文档设置"对话框，如图1-25所示。

（2）在打开的对话框的"尺寸"数值框中输入"500"，单击 确定 按钮，如图1-26所示。

图1-25　"属性"面板

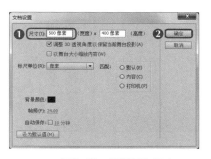

图1-26　设置舞台尺寸

2．设置背景颜色和帧频

帧频是每秒中放映或显示的帧（fps）或图像的数量，即每秒中需要播放多少张画面。不同类型的文件，使用的帧频标准也不同，片头动画一般为25fps或30fps，电影一般为24fps，美国的电视是每秒30fps，而交互界面的帧频则在40fps或以上。下面介绍如何设置文档的背景颜色和帧频，具体操作如下。

微课视频

设置背景颜色和帧频

（1）将鼠标指针移至"属性"面板的"属性"栏的"FPS"右侧的数值上，当鼠标指针变为形状时，按住鼠标左键不放向右拖动即可增大帧频，如图1-27所示。

（2）在"属性"栏中单击"舞台"右侧的色块，在弹出的颜色面板中选择颜色代码为"#99CCFF"的颜色，如图1-28所示。

图1-27　设置帧频

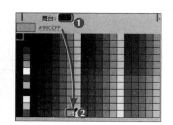

图1-28　选择舞台颜色

自定义颜色

在"文档设置"对话框中同样可以设置舞台背景颜色和帧频。在颜色面板中单击按钮，在打开的"颜色"对话框中可自定义需要的颜色。

3．设置网格

在打开的模板动画文件的舞台中有一个纵横交错的网格，这些网格主要用于辅助绘制动画对象，读者可根据需要显示或隐藏网格，或对网格的疏密进行调整，具体操作如下。

微课视频

设置网格

（1）选择【视图】/【网格】/【显示网格】菜单命令，显示出网格线。

（2）选择【视图】/【网格】/【编辑网格】菜单命令，打开"网格"对话框。

（3）如图1-29所示，在对话框中设置网格颜色为"#0033FF"，设置网格的宽度为"50像素"，单击确定按钮，设置网格后的效果如图1-30所示。

图1-29　设置网格

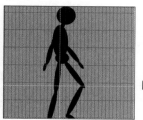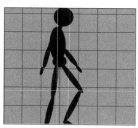

图1-30　设置网格前后效果对比

4．设置辅助线

在舞台中有几条青蓝色的辅助线，这些辅助线与网格不同，用户可手动调节这些辅助线的位置，具体操作如下。

（1）选择【视图】/【辅助线】/【显示辅助线】菜单命令，将辅助线显示出来。

（2）选择【视图】/【辅助线】/【锁定辅助线】菜单命令，将"锁定辅助线"前的 √ 标记取消。

（3）将鼠标指针移至中间水平的辅助线上，当鼠标指针变为 形状时，按住鼠标左键不放并拖曳，将该辅助线移动到上方的标尺处，然后释放鼠标，该辅助线即可清除。

（4）在左侧的标尺上单击鼠标左键不放，并向右拖曳，可拖出一条垂直的辅助线，将该垂直的辅助线拖曳到合适位置后，释放鼠标左键即可，如图1-31所示。

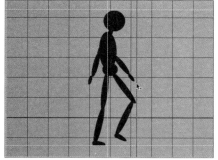

图1-31　添加辅助线

显示与隐藏标尺

选择【视图】/【标尺】菜单命令，可显示标尺，再次选择【视图】/【标尺】菜单命令，将"标尺"前的 √ 标记取消，可隐藏舞台中的标尺。

多学一招

13

5．调整工作区的显示比例

在使用Flash制作动画时，经常需要放大舞台中的某一部分以对细部进行调整。下面介绍调整工作区的显示比例的方法。

- 在场景中单击工作区显示比例下拉列表右侧的"下拉"按钮 ，在打开的下拉列表中选择"400%"选项，即可将舞台中的对象放大，如图1-32所示。

- 在工具栏中选择缩放工具 ，将鼠标指针移至舞台中，鼠标指针变为 形状，按住【Alt】键不放，此时鼠标指针变为 形状，单击两次鼠标指针即可将工作区的显示比例缩放为原来的100%。

图1-32　放大显示比例

1.3.3　保存动画文档

在制作Flash动画的过程中需要经常保存文档，以防止停电或程序意外关闭造成的损失。下面对更改后的"范例"文件进行保存。

（1）选择【文件】/【保存】菜单命令，打开"另存为"对话框。

（2）在"保存在"下拉列表框中选择文件保存的地址，在"文件名"文本框中输入"范例更改"文本，保持"保存类型"文本框中默认的"Flash CS6文档（*.fla）"不变，单击 保存(S) 按钮即可保存文档，如图1-33所示。

图1-33　保存文件

另存文件

　　按【Ctrl+S】组合键也可打开"另存为"对话框进行保存操作。若之前已对文档进行过保存，或打开的文件有一个源地址，那按【Ctrl+S】组合键并不会打开保存对话框，而是直接进行保存。若读者需要将更改后的文件保存在另外的地址中，可选择【文件】/【另存为】菜单命令进行保存。

1.3.4　关闭当前文档

在不退出Flash CS6的前提下，将当前文档关闭的方法主要有以下3种。

● 选择【文件】/【关闭】菜单命令即可关闭当前文档。
● 在当前文档的标题栏中单击▣按钮即可关闭文档。
● 在操作界面中按【Ctrl+W】组合键也可关闭当前文档。

1.4　项目实训

1.4.1　制作"草莓"动画

1．实训目标

本实训的目标是打开"草莓.fla"动画文档，然后根据个人的使用习惯，设置舞台大小，最后再设置舞台颜色。本实训的前后对比效果如图1-34所示。

图1-34　制作"草莓"动画前后对比效果

素材所在位置　素材文件\第1章\项目实训\草莓.fla
效果所在位置　效果文件\第1章\项目实训\草莓.fla

微课视频

制作"草莓"动画

Flash CS6 动画设计教程（双色微课版）

14

2．专业背景

在设置场景时，可以选择软件自带的几种模式，比如，选择"动画"模式会自动打开并排列在制作动画的过程中，因此会经常使用到"属性""时间轴""颜色""对齐"等面板；选择"开发人员"模式，则会打开"项目""输出"等开发相关的面板。

不同的人在使用软件的过程中，即便是制作相同内容的作品，也可能会使用到不同的面板。所以，场景的设置没有一种固定的模式，可以根据需要或习惯随时调整。这样才能在动画的制作过程中更加得心应手。

3．操作思路

本实训主要包括查看图片的属性，然后设置舞台大小，使其与图片的大小保持一致，最后设置舞台的颜色，以便掌握Flash的基本操作，其操作思路如图1-35所示。

① 查看图片属性　　　　② 设置舞台大小　　　　③ 设置舞台颜色

图1-35　制作"草莓"动画的操作思路

【步骤提示】

（1）启动Flash，然后在打开的"欢迎屏幕"界面的"最近打开的项目"栏中单击 [🗁 打开...] 按钮，在打开的"打开"对话框中选择"草莓.fla"。

（2）打开文档后，单击文档中的图片文件。此时可以在"属性"面板的"位置和大小"栏中查看该图片的宽和高的值分别为"459"和"288"。

（3）单击文档中的舞台，此时可在"属性"面板的"属性"栏中看到舞台的大小值为默认的"550×400"像素，将该大小的值修改为与图片相同的"459×288"像素，将舞台的大小变为与图片大小相同。

（4）单击舞台"属性"面板"属性"栏中的"舞台"后面的色块，在弹出的颜色选项列表中选择"黄色"，改变舞台背景颜色。

（5）选择【文件】/【保存】菜单命令，保存文档。

1.4.2　制作动物奔跑动画

1．实训目标

本例将新建一个Flash文档，并导入一张".gif"格式的动画图片，再对Flash文档进行属性设置，最后保存该Flash文档，并发布Flash动画。通过本例的学习，可以掌握".gif"格式的动画转换为Flash动画的方法，并了解Flash动画的基本制作流程。制作好的效果如图1-36所示。

微课视频

制作动物奔跑动画

素材所在位置　素材文件\第1章\项目实训\奔跑.gif
效果所在位置　效果文件\第1章\项目实训\动物奔跑.fla

图1-36　动物奔跑效果

2．专业背景

人眼在看到物像消失后，仍可暂时保留视觉的印象。视觉印象在人的眼睛中大约可保持0.1秒。如果两个视觉印象之间的时间间隔不超过0.1秒，前一个视觉印象尚未消失，而后一个视觉印象已经产生，并与前一个视觉印象融合在一起，就形成了视觉残（暂）留现象。利用视觉残留现象，事先将一幅幅有序的画面通过一定的速度连续播放即可形成动画效果。GIF动画就是将存于一个文件中的多幅图像数据逐幅读出并将其显示在屏幕上，就构成一种最简单的动画。

3．操作思路

根据上面的练习目标，首先导入奔跑".gif"格式的动画，之后测试动画效果，之后保存并发布文件，最后退出Flash。本实例的操作思路如图1-37所示。

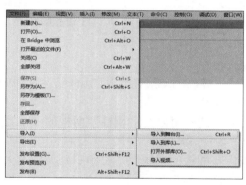

① 导入动画

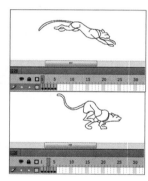

② 测试动画

图1-37　制作动物奔跑动画的操作思路

【步骤提示】

（1）选择【文件】/【导入】/【导入到舞台】菜单命令或按【Ctrl+R】组合键，打开"导入"对话框，在"查找范围"下拉列表框中选择图片的保存位置，在文件列表框中双击需要导入的".gif"格式的动画文件。这样就完成了动画文件的添加。

（2）按【Enter】键播放舞台中的动画，同时时间轴面板中的指针也会随之移动。

（3）按【Ctrl+S】组合键保存Flash文件（如果Flash文件已保存过，再次按【Ctrl+S】组合键时将按原文件名及路径对动画文件进行保存），选择【文件】/【发布】菜单命令或按【Alt+Shift+F12】组合键完成Flash动画的发布操作。

（4）选择【文件】/【退出】菜单命令或按【Ctrl+Q】组合键退出即可完成。

1.5　课后练习

本章主要介绍了Flash动画概述和Flash的基本操作，主要包括Flash动画的特点、Falsh的制作流程、新建动画文档、设置动画文档的属性、保存动画文档等知识。本章的内容属于基础知识，应认真学习和掌握，为后期的动画制作打下良好的基础。

练习1：制作随机运动的小球

本练习要求根据模板制作随机运动的小球，主要练习新建工作区的操作方法，最终效果如图1-38所示。

 效果所在位置 效果文件\第1章\课后练习\随机运动的小球

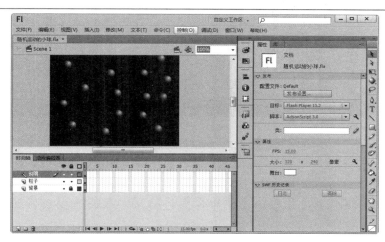

图1-38 随机运动的小球

操作要求如下。

- 启动Flash CS6，在欢迎界面单击"模板"栏下的"动画"选项，打开"从模板新建"对话框，在"模板"列表框中选择"随机布朗运动"选项，创建动画文档。
- 将工作界面更改为"传统"，选择【窗口】/【动作】菜单命令，打开"动作"面板。在该面板标题栏的空白处单击鼠标左键不放并拖曳到面板组中。
- 单击标题栏上的 基本功能 按钮，在弹出的下拉菜单中选择"新建工作区"菜单命令，在打开的"新建工作区"对话框中将当前界面保存为新的工作区，设置完成后保存该文档。

练习2：打开并预览"网站"动画

客户发送过来的是Flash源文件（扩展名为.fla），必须先使用Flash CS6将其打开，然后发布为网页中可用的Flash影片（扩展名为.swf）。本练习的参考效果如图1-39所示。

 素材所在位置 素材文件\第1章\课后练习\网站首页.fla
效果所在位置 效果文件\第1章\课后练习\wangzhan.html

图1-39　发布Flash视频动画

操作要求如下。

● 启动Flash CS6并打开Flash文件。

● 选择【文件】/【另存为】菜单命令，将文件名称修改为英文，这里修改为"wangzhan.fla"。

● 按【Enter】键测试Flash动画，查看是否有需要修改的地方。

● 确认无误后，选择【文件】/【发布预览】/【HTML】菜单命令发布预览。

● 预览无误后，就可使用Dreamweaver或记事本软件打开HTML文件"wangzhan.html"。在网页中添加Flash影片的代码到客户公司网站的网页中即可。需要注意的是，Flash影片"wangzhan.swf"的位置如果在上传到公司网站后发生了变化，则还需要修改网页中"wangzhan.swf"的路径，否则将无法查看Flash影片效果。

1.6　技巧提升

1．新建不同的文档

通常在使用Flash的过程中，新建的文档大多是"ActionScript 3.0"的文档。这是一种以ActionScript 3.0为脚本语言对动画进行编辑的文档。若选择"ActionScript 2.0"，则是一种以ActionScript 2.0为脚本语言的文档。

Flash还包括其他多种类型的文档，如"AIR"文档用于开发AIR的桌面应用程序，"AIR for Android"文档用于在安卓手机上开发应用程序，"AIR for iOS"文档适用于在iPhone和iPad上开发应用程序，"Flash Lite 4"文档用于开发在Flash Lite 4平台上可播放的Flash。这些不同的文档都有各自不同的作用，可以根据需要进行选择。

2．将动画文档设置为模板文件

将动画文档设置为模板文件的方法是：打开要制作为模板的动画文档，选择【文件】/

【另存为模板】菜单命令，然后在打开的"另存为模板"对话框中，设置模板的名称、类别、描述文本，再单击 [保存] 按钮即可。

3. 自定义工具栏

选择【编辑】/【自定义工具面板】菜单命令，打开"自定义工具面板"对话框，选择一个工具，在"可用工具"列表框中选择一个选项，单击 [>> 增加 >>] 按钮，即可将选择的选项添加到右侧的"当前选择"列表框中，单击 [确定] 按钮，如图1-40所示。在"自定义工具面板"中单击 [恢复默认值] 按钮，可将工具栏中的各工具恢复为默认的样式。

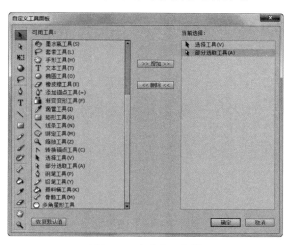

图1-40　自定义工具栏

4. 快捷设置舞台的大小

选择【视图】/【缩放比例】菜单命令，在其子菜单中同样可执行舞台的缩放，但显然这不是一种快捷的方法。在"缩放比例"菜单项的上方有"放大"和"缩小"两个选项，在这两个选项的右侧列出了相应的快捷键。在使用Flash制作动画的过程中，可通过这两个快捷键，即【Ctrl+=】组合键和【Ctrl+-】组合键，快速进行放大和缩小操作。

CHAPTER 2

第2章
绘制图形

情景导入

米拉在公司实习了一周，已经掌握了Flash的基本操作，因此，老洪最近让她为一些动画场景和广告场景绘制图形元素，让展现的效果更加完整。

学习目标

● 掌握卡通猫动画的制作方法

　　认识Flash CS6的绘图模式，并对动画图形的绘制方法和技巧等进行掌握。

● 掌握荷花的制作方法

　　掌握绘制曲线路径、填充渐变颜色、绘制线条图形、绘制任意线条等的方法。

案例展示

▲绘制卡通猫动画

▲制作荷花

2.1　课堂案例：绘制卡通猫动画

　　卡通动物给人一种可爱的感觉，是所有人都喜欢的一种形象。米拉决定绘制一个卡通猫动画，以此来掌握各种图形的绘制方法。

　　要完成该任务，首先应设计并绘制出卡通猫头部的基本轮廓和耳朵。绘制时，通过绘制曲线的方式使猫的形象更加可爱。这是绘制的主要部分，能让人一眼便能识别出绘制的角色。然后，再绘制眼睛胡须等部位，绘制时通过圆形绘制眼睛，用曲线绘制胡须，使其呈对称状。这是猫的核心部位。再绘制身体和尾巴，使其具有卡通猫的完整结构。这时将主要运用到图形的绘制和颜色的填充。本例完成后的参考效果如图2-1所示。

 效果所在位置　效果文件\第2章\课堂案例\卡通猫.fla

"卡通猫"彩图效果

图2-1　卡通猫的最终效果

如何绘制表情动画

　　如今，表情动画是深受广大动漫爱好者喜爱的一种动画表现形式。在绘制这类动画时，主要以形象可爱、有趣为主，并在其中添加一些流行元素，使动画变得更加生动。在制作时，可以使用线条、表情和gif等多种形式进行表现。

2.1.1　Flash CS6的绘图模式

　　在Flash中，绘制图形之前，需要先设置绘图模式。Flash CS6中的绘图模式分为合并绘制模式和对象绘制模式两种。

　　在工具栏中选择矩形工具、椭圆工具、多角星形工具、线条工具、铅笔工具和钢笔工具时，在工具栏下方会出现一个"对象绘制"按钮，单击此按钮可在合并绘制模式和对象绘制模式之间切换。

1．合并绘制模式

　　当工具栏中的"对象绘制"按钮呈未选中状态时，表示当前的绘图模式为合并绘制模式。在合并绘制模式下绘制和编辑图形时，在同一图层中的各图形会互相影响，当其重叠时，位于上方的图形会将位于下方的图形覆盖，并对其形状造成影响。比如，绘制一个矩形，并在其上方再绘制一个圆形，如图2-2所示，然后将圆形移动到其他位置，会发现矩形被圆形覆盖的部分已被删除，如图2-3所示。默认情况下，Flash CS6中的大部分绘图工具都处于合并绘制模式。

图2-2　合并绘制图形　　　　　　　　图2-3　移动合并绘制的图形

2．对象绘制模式

在工具栏中选择一种绘图工具后，在"工具"栏中单击"对象绘制"按钮，使其呈选中状态，表示当前的绘图模式为对象绘制模式。在对象绘制模式下绘制和编辑图形时，在同一图层中绘制的多个图形并不会相互影响，因为它们都是一个独立的对象，在叠加和分离时不会产生变化。比如，在对象绘制模式下绘制一个矩形，在其上方再绘制一个圆形，如图2-4所示，然后将圆形移动到其他位置，移动后位于下方的矩形并没有受到任何影响，如图2-5所示。

图2-4　对象绘制图形　　　　　　　　图2-5　移动对象绘制图形

2.1.2　绘制猫头轮廓和耳朵

猫的轮廓是曲线，并不是规则的几何图形，此时可使用Flash CS6的钢笔工具进行绘制。下面绘制猫头轮廓和耳朵部分，具体操作如下。

（1）启动Flash CS6，选择【文件】/【新建】菜单命令，打开"新建文档"对话框，设置"宽"和"高"分别为"800像素"和"560像素"，单击"背景颜色"后的色块，在弹出的选项框中选择"#FFCC99"颜色，单击 确定 按钮，如图2-6所示。

（2）在"工具"面板中选择钢笔工具，选择【窗口】/【属性】菜单命令，打开"属性"面板，在其中单击"笔触颜色"后的色块，在弹出的选项框中选择"#000000"颜色，设置"笔触"为"2.00"，如图2-7所示。

（3）使用鼠标在舞台上单击，创建一个锚点，将鼠标光标移动到舞台左上方的位置，单击并拖动曲线段，将鼠标光标移动到第二个锚点上，当鼠标光标变为形状时单击，完成曲线段的绘制，如图2-8所示。

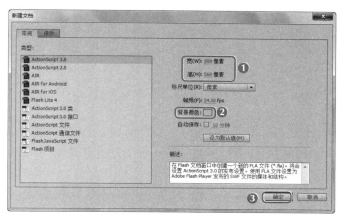

图2-6　新建文档

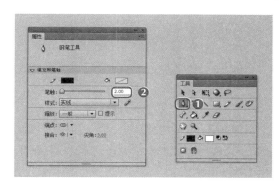

图2-7　设置笔触颜色

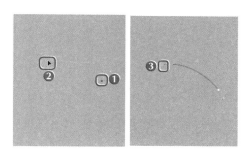

图2-8　绘制曲线段

钢笔工具的使用技巧

　　在使用钢笔工具编辑锚点时，为了使方向线不影响下一个锚点的曲线段形状，最好去掉多余的方向线。

（4）将光标移动到其他位置单击，创建不同的曲线段，以绘制猫头。绘制最后一个锚点时，当鼠标光标将变为形状，单击鼠标闭合路径，如图2-9所示。

（5）在"工具"面板中选择颜料桶工具，在"工具"面板中单击"填充颜色"色块，在弹出的选项框中设置"颜色"为"#AA6E32"。当鼠标光标变为形状时，使用鼠标单击猫头中间，为猫头填充颜色，如图2-10所示。

填充颜色

　　本例需要对绘制的猫头进行填色，而只有闭合的路径才能进行颜色的填充，因此绘制猫头时需要保证其路径为闭合状态。

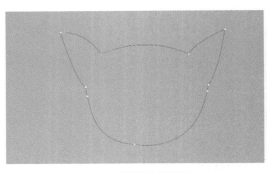

图2-9　继续绘制曲线段

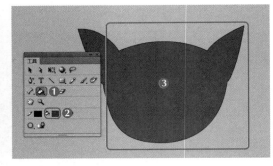

图2-10　填充颜色

（6）选择钢笔工具 ，使用鼠标在猫头左边耳朵的位置绘制耳朵轮廓，再使用相同的
方法为右边耳朵绘制相同的耳朵轮廓。选择油漆桶工具 ，设置"填充颜色"为
"#CC9966"，为两个耳廓填色，如图2-11所示。

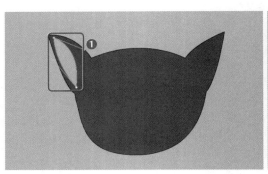
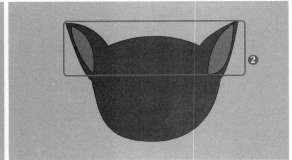

图2-11　绘制耳廓并填充颜色

2.1.3　绘制其他部位

　　眼睛部分的绘制较简单，可由圆组合而成，躯干部分可通过钢笔工具进行绘制，具体操作如下。

微课视频

绘制其他部位

（1）选择椭圆工具 ，在"属性"面板中设置"笔触颜色"和"填充颜色"分别为"#000000"和"#FFFFFF"。使用鼠标在猫头上绘制一个正圆，作为猫眼睛，如图2-12所示。

（2）在白色的眼眶中，使用椭圆工具绘制一个黑色的眼珠和一个白色的光点。使用相同的方法绘制右眼睛，如图2-13所示。

图2-12　绘制正圆

图2-13　绘制眼睛

（3）使用钢笔工具绘制躯干，完成后选择油漆桶工具 ，为绘制的躯干填充和耳朵轮廓相同的颜色，如图2-14所示。

（4）使用钢笔工具绘制尾巴，并使用油漆桶工具为尾巴填充"#AA6E32"颜色，如图2-15所示。

多学一招	呈现绘制的线条
	使用钢笔工具绘制出曲线后，在空白位置处单击或者按【Esc】键，即可显示绘制的线条。

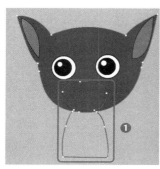

图2-14　绘制躯干

图2-15　绘制并填充尾巴颜色

（5）选择选择工具 ，选择绘制的耳朵部分的线条。按【Delete】键删除线条。使用相同的方法，将绘制的所有线条删除，如图2-16所示。

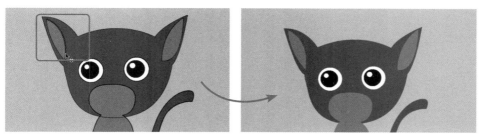

图2-16　去掉轮廓线条

（6）选择钢笔工具 ，在"属性"面板中设置"笔触颜色"和"笔触"分别为"#996600"和"15.00"，使用鼠标在猫头上绘制一个曲线段，作为鼻子，如图2-17所示。

（7）在"属性"面板中设置"笔触颜色"和"笔触"分别为"#996600"和"3.00"，在鼻子的下方绘制一条直线段，再使用椭圆工具在直线段的下方绘制一个白色填充褐色笔触的椭圆，如图2-18所示。

多学一招	删除锚点
	要使用【Delete】和【Backspace】键、选择【编辑】/【剪切】菜单命令或【编辑】/【清除】菜单命令删除锚点时，将同时删除点及与之相连的线段。

图2-17　绘制鼻子

图2-18　绘制嘴巴

（8）选择钢笔工具　，在"属性"面板中设置"笔触颜色"和"笔触"分别为"#FFFFCC"
和"3.00"，使用鼠标拖动，在猫脸上绘制6根胡须，如图2-19所示。

（9）选择矩形工具　，设置"笔触颜色"和"填充颜色"均为"#FFFFCC"。拖动鼠标在
舞台底部绘制一个矩形，如图2-20所示。

图2-19　绘制胡须

图2-20　绘制底线

绘制规则图形的注意事项

①　对于规则图形，如手机、电视、计算机等，最好使用矩形工具
栏中的工具进行绘制；②　绘制图形时，还应注意图形的比例大小，其比
例应符合实际，若比例失调，则绘制的图形不仅缺乏美感，还不规范；
③　自然状态下的物体，都会有高光面和阴影部分，在绘制时适当地添加
一些反光和阴影使图形更生动。

2.2　课堂案例：绘制荷花

米拉绘制完卡通猫后，老洪甚是满意，便将绘制荷花的任务交给了米拉。老洪提醒米
拉："绘制荷花的方法与绘制卡通猫有一定的不同，荷花得展现其柔和美，因此，绘制时需
要使用线条、铅笔和钢笔等工具。"

要完成本任务，首先需要绘制荷花部分，通过钢笔工具绘制曲线，使其展现荷花线条的
曲线美。然后绘制荷花的茎秆，通过对绘制的线条进行调整，使茎秆更加自然。再绘制荷叶
部分，通过铅笔工具绘制荷叶，使荷叶能展现其柔和美，使画面更加完整丰富。本例的参考
效果如图2-21所示。

效果所在位置　效果文件\第2章\课堂案例\荷花.fla

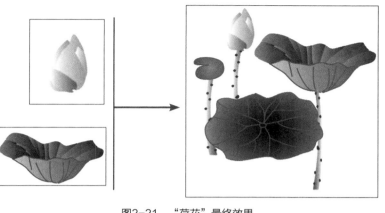

"荷花"彩图效果

图2-21　"荷花"最终效果

2.2.1　绘制曲线路径

工具栏中的钢笔工具 是以绘制节点的方式来绘制图形的，在绘制完成后并能对绘制的图形进行调整。钢笔工具有许多绘制状态，在使用其绘制图形之前，首先对其绘制状态进行介绍。

1．钢笔工具的绘制状态

在不同的绘制状态下，钢笔工具的指针呈不同的状态，具体介绍如下。

● **初始锚点指针** ：选中钢笔工具后看到的第一个指针。在舞台上单击鼠标时将创建初始锚点，它是新路径的开始。

● **连续锚点指针** ：下一次单击鼠标时将创建一个锚点，并用一条直线与前一个锚点相连接。

● **添加锚点指针** ：下一次单击鼠标时将向现有路径添加一个锚点。若要添加锚点，必须选择路径，并且钢笔工具不能位于现有锚点的上方，一次只能添加一个锚点。

● **删除锚点指针** ：下一次在现有路径上单击鼠标时删除一个锚点。若要删除锚点，必须用选取工具选择路径，并且指针必须位于现有锚点的上方，一次只能删除一个锚点。

● **转换锚点指针** ：将不带方向控制线的转角点转换为带有独立方向控制线的转角点，如图2-22所示。使用钢笔工具时，按【Shift+C】组合键可快速切换到转换锚点指针。

● **闭合路径指针** ：在绘制路径的起始点处闭合路径。在当前正在绘制的路径的起始锚点处单击，即可将路径封闭。

● **连续路径指针** ：从现有锚点扩展新路径。鼠标指针必须位于路径上现有锚点的上方，才能激活连续路径指针，且仅在当前未绘制路径时，此指针才可用，如图2-23所示。

● **连接路径指针** ：该指针与闭合路径指针的用法基本相同，可对两个不连续的路径进行连接。该指针必须位于另一路径的起始或结束端点的上方，才会显示出来，如图2-24所示。有时可能需要选中路径段才能显示，有时不选中路径段就能显示。

图2-22　使用转换锚点指针转换控制点

图2-23　连续路径指针

图2-24　连接路径指针

- **回缩贝塞尔手柄指针**：当鼠标位于显示其贝塞尔手柄的锚点上方时，该指针才会显示。单击鼠标可回缩贝塞尔手柄，并使得穿过锚点的弯曲路径恢复为直的线段。

微课视频

使用钢笔工具绘制路径

2．使用钢笔工具绘制路径

下面使用钢笔工具绘制荷花中的花朵图形，其具体操作如下。

（1）按【Ctrl+N】组合键打开"新建文档"对话框，在"常规"选项卡中选择"ActionScript 3.0"选项，单击 确定 按钮新建一个动画文档，如图2-25所示。

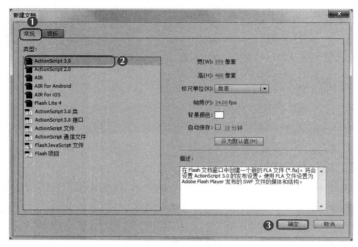

图2-25　新建文档

（2）在工具栏中选择钢笔工具，在舞台中单击鼠标左键，确定图形的第一个起点，然后在另一位置处单击鼠标左键不放并拖曳鼠标改变绘制线条的形状，如图2-26所示。

（3）继续绘制如图2-27所示的图形，由于此图形是一个封闭的整体，因此将鼠标指针移至起始点，当鼠标指针变为形状时，单击起始点即可封闭图形。

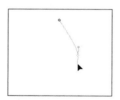

图2-26　拖动鼠标绘制线条

图2-27　封闭图形

（4）使用同样的方法继续绘制荷花的其他封闭轮廓，如图2-28所示。

（5）在工具栏中按住钢笔工具不放，在弹出的菜单中选择转换锚点工具，如图2-29所示。

（6）使用转换锚点工具选中需要调整的线条，单击其上的锚点并拖曳，调整线条的平滑度和方向，如图2-30所示。

图2-28　绘制荷花轮廓

图2-29　选择转换锚点工具

图2-30　调整线条

2.2.2 填充颜色

绘制好荷花的轮廓之后，便可以对其填充颜色。这里使用颜料桶工具  进行填充，具体操作如下。

（1）在工具栏中选择颜料桶工具，单击"属性"面板左侧的"颜色"按钮，打开"颜色"面板，单击"填充颜色"右侧的色块，在弹出的颜色面板中选择"线性渐变"选项，如图2-31所示。

（2）在"颜色"面板中双击右侧的 按钮，在弹出的颜色面板中设置颜色为"#C76C59"，如图2-32所示。

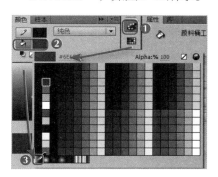

图2-31 选择渐变

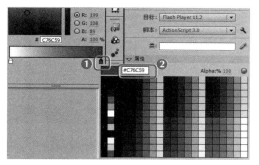

图2-32 设置渐变颜色

（3）将鼠标指针移到花瓣上，当其变为 形状时，单击鼠标左键即可为花瓣填充颜色，使用同样的方法，为其他花瓣填充不同的颜色，完成后的效果如图2-33所示。

（4）按【V】键切换为选择工具，选择所有花瓣图形，然后选择【修改】/【形状】/【柔化填充边缘】菜单命令，打开"柔化填充边缘"对话框，保持其中的默认值不变，单击 确定 按钮，如图2-34所示。柔化花瓣的边缘，效果如图2-35所示。

图2-33 为花瓣填充颜

图 2-34 设置柔化边缘

图 2-35 柔化边缘效果

2.2.3 绘制线条图形

使用线条工具可绘制直线段，下面使用线条工具绘制茎杆，其具体操作如下。

（1）在工具栏中选择线条工具，单击"对象绘制"按钮，使其呈未选中状态，将绘制模式更改为合并绘制模式。

（2）在舞台中绘制如图2-36所示的由线条组成的图形，绘制完成后按住【Ctrl】键不放，将鼠标指针移至线条上，当其变为 形状时，单击鼠标左键并拖动线条，可将绘制的直线调整为曲线，如图2-37所示。

（3）选择颜料桶工具，单击"颜色"按钮，打开"颜色"面板，单击"填充颜色"右侧的色块，选择"线性渐变"选项，并设置线性渐变右侧的颜色为"#009900"，然后

微课视频

绘制线条图形

填充绘制的线条图形，如图2-38所示。

（4）选择选择工具，选择图形，选择【修改】/【形状】/【柔化填充边缘】菜单命令，打开"柔化填充边缘"对话框，保持其中的默认值不变，单击 [确定] 按钮，效果如图2-39所示。

图2-36 绘制线条　　　图2-37 调整线条　　　图2-38 填充线条　　　图2-39 柔化边缘效果

（5）在工具栏中选择刷子工具，在"属性"面板中设置刷子的填充颜色为"#006600"，然后再绘制图2-40所示的斑点。

（6）选择选择工具，拖曳鼠标选中绘制的茎杆图形，在图形上单击鼠标右键，在弹出的快捷菜单中选择"转换为元件"命令，打开"转换为元件"对话框，在"名称"文本框中输入"茎杆"，在"类型"下拉列表中选择"影片剪辑"，单击 [确定] 按钮，如图2-41所示。使用同样的方法将之前绘制的荷花图形也转换为名为"荷花"的影片剪辑元件。

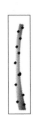 

图2-40 添加斑点　　　　　　图2-41 转换元件

2.2.4 绘制任意线条

对于不规则的线条，除了可使用钢笔工具进行绘制外，还可使用铅笔工具来绘制。下面使用铅笔工具绘制荷叶，具体操作如下。

微课视频

绘制任意线条

（1）在工具栏中选择铅笔工具，单击"对象绘制"按钮，使其呈未选中状态，将绘制模式更改为合并绘制模式，在舞台中直接绘制如图2-42所示的荷叶轮廓。

（2）选择颜料桶工具，单击"颜色"按钮，打开"颜色"面板，单击"填充颜色"右侧的色块，选择"线性渐变"选项，并设置线性渐变左侧的颜色为"#00CC66"，右侧的颜色为"#006600"，然后填充荷叶里面的一层，如图2-43所示。

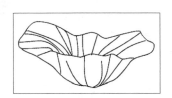 

图2-42 绘制荷叶轮廓　　　　　图2-43 填充里层颜色

（3）选中外层的荷叶，使用相同的方法设置填充颜色为"#00FF66"和"#009900"，并进行颜色的填充，完成后的效果如图2-44所示。

（4）选中里层荷叶的线条，选择【修改】/【形状】/【柔化填充边缘】菜单命令，在打开的"柔化填充边缘"对话框中保持默认值不变，单击 确定 按钮，效果如图2-45所示。

图2-44　填充外层颜色

图2-45　柔化边缘效果

（5）选中外层的荷叶线条，在其"属性"面板中设置"笔触颜色"为"#009900"，设置其笔触高度，即线条的宽度为"3.00"，效果如图2-46所示。

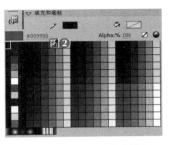

图2-46　设置外层的荷叶线条

（6）切换回选择工具，选中图形，单击鼠标右键，在弹出的快捷菜单中选择"转换为元件"命令，打开"转换为元件"对话框，设置名称为"荷叶1"的影片剪辑元件，如图2-47所示。

（7）按【Y】键快速切换回铅笔工具，绘制如图2-48所示的荷叶轮廓。

绘制水平、垂直的线条

　　使用铅笔工具绘制图形时按下【Shift】键，可绘制水平或垂直的线段。使用线条工具绘图的同时，按住【Shift】键不放，可绘制水平、垂直或呈45°角的直线。

图2-47　转换为元件

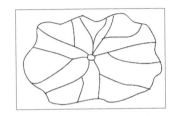

图2-48　绘制荷叶轮廓

（8）选择颜料桶工具，设置填充颜色为"径向渐变"，在"颜色"面板中设置径向渐变中心的颜色为"#333333"，另一种颜色为"#00CC33"，如图2-49所示，填充图形，效果如图2-50所示。

图2-49 设置径向渐变颜色

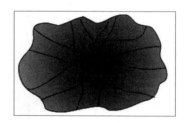

图2-50 填充图形

（9）在工具栏中按住颜料桶工具 不放，在弹出的菜单中选择墨水瓶工具 ，在"属性"面板中设置"笔触颜色"为"#009900"，"笔触高度"为"2.00"。在舞台中直接使用墨水瓶工具 单击图形中的线条，线条即可更改为设置的颜色和粗细，效果如图2-51所示。

（10）选中该图形，单击鼠标右键，在弹出的菜单中选择"转换为元件"命令，在打开的"转换为元件"对话框中将其以"荷叶2"为名，转换为影片剪辑元件。

（11）使用铅笔工具再绘制一片小荷叶，并添加径向渐变，效果如图2-52所示，并将其以"荷叶3"为名转换为影片剪辑元件。

（12）组合本例中绘制的图形，完成图形的绘制，效果如图2-53所示。

图2-51 填充线条

图2-52 绘制荷叶3

图2-53 组合图形后的最终效果

无法填充颜色时的解决方法

使用颜料桶工具填充由线条或铅笔等工具绘制的图形时，可能会无法填充。此时，用户可在颜料桶工具下选择"封闭大空隙"选项后再进行填充。若还是不能解决问题，则可试着换一种绘制模式，再进行绘制填充，即应根据实际情况进行具体分析。

2.3 项目实训

2.3.1 绘制卡通女孩

1．实训目标

公司要制作一个关于人物的Flash动画，要求米拉先绘制一个卡通女孩，为制作Flash动画做准备，要求绘制的卡通女孩有简单的轮廓，形象可爱。本实训完成后的参考效果如图2-54所示。

微课视频

绘制卡通女孩

效果所在位置 效果文件\第2章\项目实训\卡通女孩.fla

2．专业背景

本任务绘制的卡通人物属于简笔画，在绘制这类人物时，主要是画出主体轮廓。在绘制时，首先是头部，然后是身体躯干，接着是四肢及手脚。这时，人物的结构比例不一定与真实的人物相同，主要是体现其可爱的外貌：绘制女孩时可将身体绘制得较娇小。卡通人物五官的特点是大眼睛、小鼻子、小嘴巴、尖下巴、细脖子。若要体现女孩萌的感觉，可绘制圆下巴。

3．操作思路

完成本实训首先需绘制女孩的轮廓。这是绘制的核心。这里主要通过铅笔工具绘制曲线，体现人物萌的特点，然后填充细节，最后为头发和鞋子填充颜色，使画面更具视觉冲击效果，操作思路如图2-55所示。

图2-54　卡通女孩

① 绘制轮廓

② 填充细节

③ 填充颜色

图2-55　绘制卡通女孩的操作思路

【步骤提示】

（1）新建一个舞台大小为"290×400"像素的空白文档，选择铅笔工具📐，在"属性"面板中将"笔触"的大小设置为"4.00"像素，笔触颜色为"黑色（#000000）"。

（2）移动鼠标光标至舞台中合适的位置，当鼠标光标变为📐形状时，按住鼠标左键不放并拖动鼠标，在鼠标经过的地方将绘制出一条线条。

（3）然后使用相同的方法，继续在场景中绘制其他的线条，初步完成轮廓图的绘制。

（4）在"属性"面板中将"笔触"的大小设置为"1.00"，继续使用铅笔工具📐在场景中绘制女孩的细节和衣服上的图案。

（5）在"属性"面板中将"笔触"大小设置为"6.00"，绘制出女孩的刘海，然后再设置不同的"笔触"大小，在女孩的头发和鞋子上绘制，使黑色笔触线条完全覆盖空白的区域，完成图像的绘制。

2.3.2　绘制Q版卡通人物

1．实训目标

本实训将绘制一个Q版的卡通小人，并在绘制完成后，分别在其

微课视频

绘制Q版卡通人物

不同的部位上色，最后再使用径向渐变制作一个背景。制作好的Q版卡通人物如图2-56所示。

 效果所在位置 效果文件\第2章\项目实训\Q版卡通人物.fla

2．专业背景

在绘制Q版人物时，需要使用犀利的线条进行完美化、理想化的提炼与塑造。所绘制出的漫画人物要具有生动丰富的表情与动作，而且拥有真实的情感。着装要根据绘制的人物的年龄与人物的特色来决定，在衣物上要绘制几条清晰的线条来表示衣物的自然褶皱。

3．操作思路

根据专业背景的要求，在绘制时，首先要使用钢笔工具绘制人物的轮廓，体现人物的整体效果，然后为人物填充颜色，使人物更加美观，再为人物绘制阴影部分，使人物更加的立体化，最后为人物添加背景。本练习的操作思路如图2-57所示。

图2-56　Q版卡通人物效果

① 绘制轮廓　　　② 填充颜色　　　③ 绘制阴影　　　④ 制作背景

图2-57　Q版卡通人物的操作思路

【步骤提示】

（1）选择钢笔工具，在"属性"面板中设置"笔触"大小为"1.00"，绘制人物线条。

（2）选择颜料桶工具，将填充颜色设置为"#CD3F57"，为其衣服填充颜色。

（3）绘制阴影部分，其填充颜色为"#959595"。

（4）选择颜料桶工具，设置填充颜色为"径向渐变"，在"颜色"面板中设置径向渐变中心的颜色为"#4D85B4"，另一种颜色为"#3E5672"，填充背景。

2.4　课后练习

本章主要介绍了图形的绘制方法，包括钢笔工具、线条工具、矩形工具、铅笔工具、颜料桶工具等的使用方法。对于本章的内容，读者应认真学习和掌握，以便为后面设计和动画制作打下坚实基础。

练习1：绘制卡通人物

本练习要求绘制一副卡通人物。先绘制人物的面部，体现人物的面部表情，然后绘制头发和身体，最后再添加细节，使绘制的人物细节更丰富。通常在使用钢笔工具绘制图形的过中，需要多种模式的配合，才能得到一幅完整且满意的图像。本练习制作后的效果如图2-58所示。

微课视频

绘制卡通人物

效果所在位置　效果文件\第2章\课后练习\卡通人物.fla

操作要求如下。

- 选择钢笔工具，在"属性"面板中将"笔触"的大小设置为"1.00"像素，笔触颜色为"红色（#CC0000）"。
- 在舞台的适当位置单击创建一个锚点，然后在另一位置单击创建另一个锚点，拖动锚点创建曲线。
- 在创建了第一条曲线后，按【Esc】键，取消绘制模式，然后在其他位置上继续绘制更多的曲线，完成人物脸部的绘制。使用相同的方法在脸的下方继续绘制其他的曲线，绘制出人物的身体部分。

图2-58　卡通人物效果

- 脸部和身体都绘制完成后，再对头发进行绘制。在绘制的过程中，随意地绘制不同长度的多条曲线，通过这些曲线的组合，完成头发的绘制。
- 继续使用钢笔工具在头上绘制装饰，但是在绘制十字和发带上的装饰时，不用拖动锚点使其变为曲线，直接单击鼠标绘制直线。
- 最后使用选择工具选择十字装饰里面多余的线条，按【Delete】键，将其删除，完成绘制。

练习2：制作小房子

本练习要求绘制一座小房子，绘制时首先应使用线条工具绘制房子的整体形状，然后再绘制窗户、门、烟囱等细节部分，参考效果如图2-59所示。

微课视频

制作小房子

效果所在位置　效果文件\第2章\课后练习\小房子.fla

操作要求如下。

- 选择线条工具，在"属性"面板中将笔触的粗细设置为"1.00"，将颜色设置为"黑色（#000000）"，并设置样式为实线。
- 移动鼠标光标至舞台中合适的位置，当鼠标光标变为十字形状时，按住鼠标左键不放，拖动鼠标至另一位置后释放鼠标，绘制第一条直线。

● 使用相同的方法，在场景中继续绘制其他的直线，使其组合起来形成房子的形状。

● 完成后在房屋的门上绘制一条直线，然后使用选择工具██将其拖动成弧线，使其弯曲，最后完成小房子的绘制。

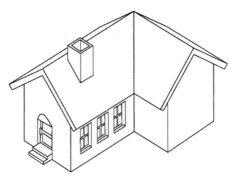

图2-59 "小房子"效果

2.5 技巧提升

1．橡皮擦工具的多种模式

在绘图过程中，可以使用橡皮檫工具██将错误的图像抹除。而在橡皮檫工具██的选项栏中，有5种不同的模式可供选择，不同的模式，分别代表作不同的使用效果："标准擦除"模式可擦除同一层上的笔触和填充；"擦除填色"模式可只擦除填充，不影响笔触；"擦除线条"模式可只擦除笔触，不影响填充；"擦除所选填充"模式可只擦除当前选定的填充，不影响笔触；"内部擦除"模式可只擦除橡皮擦笔触开始处的填充，如果从空白点开始擦除，则不会擦除任何内容，不影响笔触。

在橡皮檫工具██的选项区域中还包括水龙头工具██，选择该工具后，再使用橡皮檫工具██单击场景中的笔触或填充，可快速地删除填充或笔触。

2．墨水瓶工具的作用

墨水瓶工具██可以更改一个或多个线条的笔触颜色、宽度和样式。比如，修改一个正方形四周的笔触颜色时，则选择墨水瓶工具██并设置笔触颜色后，单击笔触或正方形内部就可以快速地修改笔触的颜色。

CHAPTER 3

第3章
编辑图形

情景导入

经过一段时间的学习和实践，米拉已经熟练掌握Flash中绘图工具的使用方法，能独立绘制出一些作品。现在，老洪要求米拉继续学习编辑图形的方法。

学习目标

- ● 掌握花朵的制作方法
    掌握填充与调整渐变色的方法，学习选择、复制、旋转、变形图形的方法。
- ● 掌握圣诞场景的制作方法
    掌握组合图形、层叠图形、对齐图形的操作方法等。

案例展示

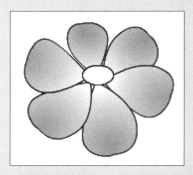

▲编辑花朵

▲制作圣诞场景

3.1　课堂案例：绘制花朵

　　老洪经过米拉的办公桌时，看到米拉正在绘制花朵。他观察了一会儿对米拉说："对于花瓣并不需要每一个都进行绘制，可以对其进行复制，然后分别对每个花瓣进行调整，可以提高效率。"

　　米拉未曾想绘制花朵还有这些便捷的方法，于是她开始着手练习使用这些编辑图形的方法。要完成本例，首先应绘制一个花瓣，花瓣是花朵的核心，制作时为花瓣填充粉色的渐变色，使花瓣的颜色更加漂亮，然后复制花瓣。自然界中的花瓣并不是规则的对称体，因此需要对复制的花瓣进行调整，使其看起来更加自然。最后，绘制并填充花朵的花蕊部分。本例完成后的效果如图3-1所示。

 效果所在位置　效果文件\第3章\课堂案例\花朵.fla

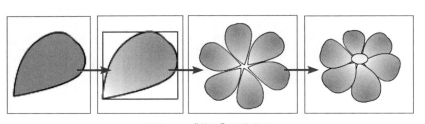

图3-1　"花朵"最终效果

3.1.1　填充渐变色

　　图形的颜色不是一成不变的，使用渐变色可使绘制的图形看起来更真实、更生动。下面具体讲解填充渐变色的方法。

1．颜料桶工具

　　在使用渐变变形工具对图形的填充颜色进行调整前，需要使用填充工具对图形填充颜色，最常用的填充工具则是颜料桶工具。在选择该工具后，其工具栏下方会出现两个属性选项，具体介绍如下。

- **锁定填充**：选择颜料桶工具后，单击该按钮，再进行填充，可将被填充的图形锁定，防止其填充颜色在之后的操作中被修改。
- **空隙大小**：在该选项下，可选择填充不同空隙大小的图形，如图3-2所示。

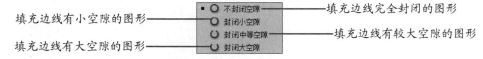

图3-2　填充"空隙大小"选项

2．填充渐变色

　　下面绘制一片花瓣图形，并填充颜色，具体操作如下。

（1）使用钢笔工具绘制如图3-3所示的花瓣轮廓线条。

（2）选择颜料桶工具，在其"属性"面板的"填充和笔触"栏中设

填充渐变色

置填充颜色为"#FF99CC"，然后在花瓣内单击，为其填充颜色，如图3-4所示。

（3）单击"颜色"按钮 ，打开"颜色"面板，单击"填充类型"按钮 纯色，在打开的下拉列表中选择"径向渐变"选项，如图3-5所示。

（4）在"颜色"面板中单击渐变颜色条下左侧的 按钮，设置渐变色为"#FF99CC"，单击渐变颜色条下左侧的 按钮，设置渐变色为"#FFFFFF"，如图3-6所示。

图3-3　绘制图形　　图3-4　填充纯色　　图3-5　设置径向填充　　图3-6　设置填充颜色

（5）设置完成后，再使用颜料桶工具在图形上单击，即可为花瓣填充渐变色。

3.1.2　调整渐变色

虽然为图形填充了渐变色，但渐变色填充的效果却不一定能让人满意，此时就需要对渐变色的位置进行调整。

1．渐变变形工具

对不同类型的渐变，相应渐变控件所呈现的状态也不同，如图3-7所示为填充不同渐变类型后的渐变控件的状态。

从图3-7可以发现，径向渐变比线性渐变多了几个控制手柄，下面介绍这些手柄的功能。

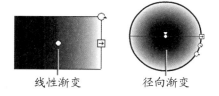

线性渐变　　　　径向渐变

图3-7　不同的渐变选择

- 中心点和焦点 ：默认情况下，中心点和焦点都在渐变控件的中心，中心点为圆形显示，将鼠标指针移至中心点上，当其变为 形状时，可单击中心点并拖动，从而改变整个渐变控制点的位置；焦点为倒三角形显示，将鼠标指针移至焦点上，当其变为 形状时，可单击焦点并在中间的水平线上拖动，改变焦点的位置。
- 缩放 ：单击并拖动该手柄，可对渐变的范围进行缩放。
- 旋转 ：单击并拖动该手柄，可对渐变进行旋转，此手柄在线性渐变中较为常用。
- 宽度 ：单击并拖动该手柄，可调整径向渐变的宽度。

2．调整径向渐变填充

下面使用渐变变形工具调整花瓣图形中的径向渐变，具体操作如下。

（1）按【V】键切换为选择工具 ，单击选中图形，在工具栏上单击任意变形工具 不放，在弹出的下拉菜单中选择渐变变形工具 ，此时被选中的图形上会出现相应的控制柄，如图3-8所示。

（2）将鼠标指针移至中心点，当其变为 形状时，单击中心点并拖曳到如图3-9所示的位置。

（3）单击"缩放"手柄 不放向外拖曳，放大渐变填充的范围，如图

微课视频

调整径向渐变填充

3-10所示。

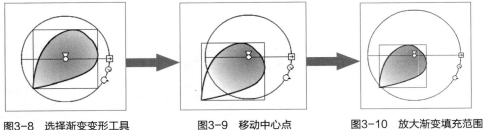

图3-8　选择渐变变形工具　　　图3-9　移动中心点　　　图3-10　放大渐变填充范围

3.1.3　选择和复制图形

本例的目标是要绘制一朵花，在绘制完成一个花瓣之后，可以通过复制图形的方法，快速得到其他花瓣，从而节省重新绘制的时间。

1．选择图形

在复制之前需要选择图形。选择图形的方法有多种，具体介绍如下。

- 选择单个图形：选择选择工具 ，直接在要选择的图形上单击鼠标左键，即可选择该图形。此时，在对象绘制模式下绘制的图形四周将出现框线，如图3-11所示；在合并模式下绘制的图形呈矢量图的选择状态，以点的形式显示，如图3-12所示。
- 选择多个图形：选择选择工具 后，按住【Shift】键，依次单击要选择的图形，可以选择多个图形，如图3-13所示。
- 框选图形：选择选择工具 后，在场景中按下鼠标左键不放进行拖动，此时在场景中会出现一个虚线框，在框内的图形将被选中，如图3-14所示。

按【Shift】键

　　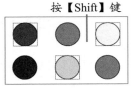　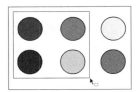

图3-11　对象绘制模式　　图3-12　合并绘制模式　　图3-13　选择多个图形　　图3-14　框选图形

知识提示

框选图形的方法

图在使用框选方式选择图形时，在合并绘制模式下绘制的图形必须全部被框在虚线框内才能被选中，否则未被框选中的部分不能被选中。

2．套索工具

使用工具栏中的套索工具 ，同样可以对图形进行选择，但其选择的方法不同。

选择套索工具 后，将鼠标指针移至舞台中，当其变为 形状时，在图形上单击并拖曳鼠标，可选择任意范围内的图形，如图3-15所示。

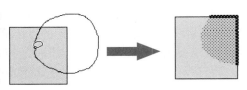

图3-15　选择任意范围内的图形

知识提示

套索工具的使用方法

使用套索工具只能对矢量形状进行选择。需要注意的是，在合并绘制模式下绘制的图形可直接使用套索工具进行选择；在对象绘制模式下绘制的图形需要将图形打散，才能使用套索工具进行选择。

选择套索工具后，在工具栏下方会出现与套索工具相关的3个选项，具体介绍如下。

● 魔术棒：魔术棒主要针对图片，选择图片后，按【Ctrl+B】组合键将图片打散，然后才可使用魔术棒对图片中颜色相同的区域进行选择。

● 魔术棒设置：单击该按钮打开"魔术棒设置"对话框，如图3-16所示。在"阈值"数值框中可输入1~200之间的值，用于定义所选区域内相邻像素达到的颜色接近程度，阈值越高，使用魔术棒选择的区域包含的颜色范围越广。在"平滑"右侧的下拉列表中可选择像素、粗略、一般和平滑等4个选项，选择不同的选项可为魔术棒选择的区域的边缘设置不同的平滑程度。

● 多边形模式：选择套索工具后，单击该按钮，可在舞台中选择规则的区域，如图3-17所示。在舞台上单击鼠标左键即可开始进行选择，在末尾处双击即可结束选择。

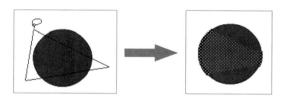

图3-16　魔术棒设置　　　　　　图3-17　在多边形模式下选择图形

3．复制花瓣图形

下面即可开始对花瓣进行复制，具体操作如下。

（1）使用选择工具，选中花瓣图形，按住【Alt】键不放并拖曳，即可复制一个花瓣，如图3-18所示。

（2）框选舞台中的两个花瓣图形，使用相同的方法复制两次，得到6片花瓣。

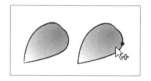

图3-18　复制花瓣

微课视频

复制花瓣图形

多学一招

快捷菜单复制图形

选择要复制的图形，单击鼠标右键，在弹出的快捷菜单中选择"复制"命令，然后将鼠标光标移动到场景中的空白位置，单击鼠标右键，在弹出的快捷菜单中选择"粘贴"命令，也可复制图形。

3.1.4　旋转和变形图形

接下来需要将复制的花瓣组合在一起，使其成为一朵完整的花朵。在对这些花瓣进行组合时，需要用到旋转和任意变形工具。

1．旋转图形

许多片花瓣围绕着花心组成了一个花朵，因此需要将之前复制的花朵通过旋转或翻转等操作，使其围绕一个中心点环绕，排列在一起，具体操作如下。

（1）使用选择工具，将花瓣全部选中，按住选中的花瓣不放将其拖曳到舞台边上。

（2）选择第一片花瓣，将其拖曳到舞台中央，选中第二片花瓣，选择【修改】/【变形】/【缩放和旋转】菜单命令，打开"缩放和旋转"对话框，在"旋转"数值框中输入"60"，单击 确定 按钮，如图3-19所示。

（3）将旋转后的花瓣移动到第一片花瓣旁，如图3-20所示。

（4）使用相同的方法，将剩下的花瓣分别以120°、180°、240°和300°进行旋转，旋转后移动这些花瓣，排列成如图3-21所示的形状。

图3-19　设置缩放和旋转

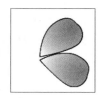

图3-20　移动花瓣

图3-21　旋转并移动剩余的花瓣

对图形进行翻转

选择图形后，还可以使用键盘上的方向键对图形进行微调。在【修改】/【变形】菜单命令中还可以对图形进行水平和垂直的翻转，以及顺时针和逆时针90°的旋转。

2．变形图形

组合好花朵后，需要对其进行一些变形，使每一片花瓣都有一些变化。这里使用任意变形工具对图形进行变形和调整。

选择任意变形工具，单击需要进行变形的图形。图形四周将出现8个控制点，并将激活工具栏下方的4个选项。这4个选项分别介绍如下。

● 旋转与倾斜：选择任意变形工具后单击该按钮，将鼠标指针移至控制点的4个角上，当鼠标指针变为形状时，按住鼠标左键不放并拖曳，可旋转图形，如图3-22所示。将鼠标指针移至4个边的中心点上，当鼠标指针变为 ⇌ 或 ↕ 形状时，按住鼠标左键不放并拖动，可倾斜图形，如图3-23所示。

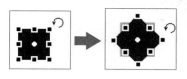

图3-22　旋转图形

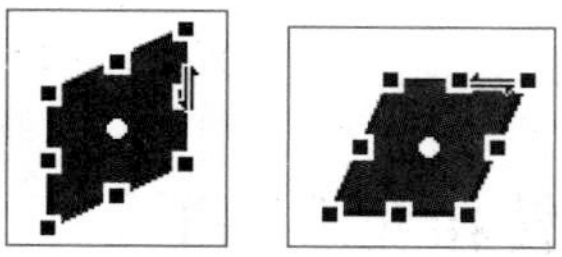

图3-23　倾斜图形

● 缩放：选择任意变形工具后单击该按钮，将鼠标指针移至控制点4个角上，当其变为形状时，单击鼠标左键不放并拖曳可等比例缩放图形。

● **扭曲**▱：选择任意变形工具▦后单击该按钮，将鼠标指针移至控制点上，鼠标指针会变为白色箭头▷形状，单击鼠标左键不放并拖曳可扭曲图形，如图3-24所示。

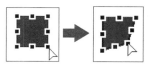 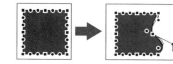

图3-24 扭曲图形　　　　　　　　图3-25 封套图形

● **封套**▱：选择任意变形工具▦后单击该按钮，图形周围的8个控制点将转换为带有控制柄的贝塞尔曲线控制点，通过拖动这些控制点和其控制柄，可对图形进行任意变形，如图3-25所示。

知识提示

等比例缩放和扭曲图形

选择任意变形工具后，不用选择工具栏下方的变形选项，也可对图形进行变形。若要执行等比例缩放，可按住【Shift】键再进行操作；若要对图形进行扭曲，可按住【Ctrl】键再进行操作。

下面使用任意变形工具调整花朵中的各个花瓣，具体操作如下。

（1）选择最上面的花瓣，在工具栏中选择任意变形工具▦，将鼠标指针移动到顶端的控制柄上，当鼠标指针变为↕形状时，按住鼠标左键不放拖曳对选择的花瓣进行调整，如图3-26所示。

（2）将鼠标指针移动到边框上，当鼠标指针变为◢形状时，单击鼠标左键不放并拖曳进行调整，如图3-27所示。

（3）按住【Ctrl】键不放，当鼠标指针变为▷形状时，对图形进行扭曲，使用同样的方法调整其他的花瓣，最终效果如图3-28所示。

微课视频

变形图形

43

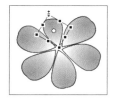 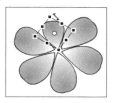 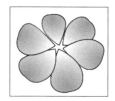

图3-26 调整花瓣　　　　图3-27 倾斜花瓣　　　　图3-28 调整花瓣最终效果

（4）在工具栏中选择椭圆工具⬭，单击工具栏下方的"对象绘制"按钮⬭，进入对象绘制模式，在舞台空白位置绘制一个椭圆，作为花朵的花心。

（5）使用选择工具▦，选择绘制椭圆，并将其移至花朵中心，如图3-29所示。

（6）保持椭圆的选中状态，在其属性面板的"填充和笔触"栏中将填充颜色更改为"#FFFF66"，效果如图3-30所示。按【Ctrl+S】组合键进行保存即可。

图3-29 绘制花心　　　　　　　图3-30 更改花心颜色

绘制和调整图形的注意事项

① 由于视觉的关系，人眼看到的同样宽窄的道路、树木等物体，越远的越窄、越远的越小。这是一种透视现象。因此在绘制和调整图形时，应注意图形的透视效果，遵循近大远小、近实远虚的规律，使图形看起来更自然。

② 在绘制类似形状的图形时，需要对相似的部分进行调整，使其富于变化。

3.2 课堂案例：制作圣诞场景

米拉接到制作圣诞场景的任务。本任务已经绘制好若干图形，需要组合为一副场景。要完成本任务，需要组合与圣诞节相关的物品，如圣诞礼物和圣诞树等。在组合的过程中，应调整图形的大小和排列顺序，使其与舞台大小和谐。圣诞节的主色调应该以红色为主，这样与主题更加符合。本例的参考效果如图3-31所示。

素材所在位置　素材文件\第3章\课堂案例\圣诞场景.fla
效果所在位置　效果文件\第3章\课堂案例\圣诞场景.fla

扫一扫

"圣诞场景"彩图效果

图3-31　"圣诞场景"最终效果

3.2.1 组合图形

场景中已经绘制好了关于圣诞主题的素材，接下来还需在场景中对这些图形进行组合，具体操作如下。

（1）选择【文件】/【打开】菜单命令，打开"打开"对话框，选择素材文件，单击 打开(O) 按钮，如图3-32所示。

（2）选择矩形工具 ，绘制一个与舞台背景相同大小的矩形，作为场景的背景，在其"属性"面板中，设置其笔触为"无"，填充颜色为"红色径向渐变"，如图3-33所示。

（3）在工具栏中选择渐变填充工具 ，单击背景矩形，在出现的控制柄上，使用鼠标左键按住缩放 控制柄不放并向外进行拖动，调整填充范围，如图3-34所示。

（4）在工具栏中选择Deco工具 ，在其"属性"面板的"绘制效果"栏中的下拉列表中选择"花刷子"选项，在"高级选项"栏中的下拉列表中选择"浆果"，将"花大小"设置为"50%"，如图3-35所示。

微课视频

组合图形

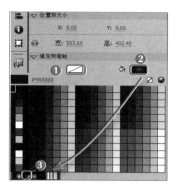

图3-32　打开圣诞场景素材　　　　　　图3-33　设置笔触和填充

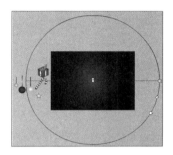

图3-34　调整径向渐变填充范围

图3-35　设置Deco工具属性

使用Deco工具绘制图形时的选择方法

　　使用Deco工具绘制植物图形都是单一的个体，配合【Shift】键逐一选择会非常麻烦，而且可能遗漏一些部分，因此需要直接框选图形。框选后，按【Shift】键不放，再用鼠标左键单击背景矩形，可避免选中背景。

（5）将鼠标指针移至舞台顶端，当其变为 形状时，按住鼠标左键不放并拖曳，可绘制浆果，至合适位置后再释放。

（6）利用选择工具 ，框选绘制的浆果图形，选择【修改】/【组合】菜单命令，如图3-36所示，将绘制的图形组合成一个整体，便于拖曳。

（7）选择Deco工具 ，在其属性面板的"绘制效果"栏中的下拉列表中选择"树刷子"选项，在"高级选项"栏中的下拉列表中选择"圣诞树"选项，如图3-37所示。

（8）在场景空白位置单击鼠标左键并拖曳即可绘制圣诞树，如图3-38所示。

图3-36　组合图形

图 3-37　设置Deco工具属性

图3-38　绘制圣诞树

知识提示	绘制圣诞树的方法

  使用Deco工具绘制树木时，首先应单击鼠标拖动绘制树干。当鼠标停下后，会自动开始添加树的枝丫。此时，按住鼠标左键不放，向上拖动即可。

（9）使用选择工具框选圣诞树，按【Ctrl+G】组合键组合圣诞树图形，然后将其移至舞台中央。

3.2.2 层叠图形

  绘制了圣诞树后，还需要在场景中添加图形，使画面更丰富。下面打开圣诞中经常用到的元素，然后将这些元素添加到场景中，使场景更加丰富。

微课视频

层叠图形

（1）选择红色吊坠装饰，将其拖曳到舞台中，选择【修改】/【排列】/【上移一层】菜单命令，使其上移一层，否则吊坠会被背景挡住，效果如图3-39所示。

（2）使用相同的方法将其他两个颜色的吊坠添加到场景中，再使用任意变形工具，调整吊饰大小，效果如图3-40所示。

图3-39 移动装饰吊坠

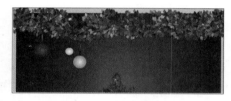

图3-40 移动并调整装饰吊坠

（3）复制吊坠装饰图形，然后选中复制的吊坠装饰，按【Ctrl+↓】组合键，使其下移一层，位于绿色装饰植物的下方，让画面更加丰富。使用同样的方法多次复制吊坠装饰，并调整吊坠装饰的位置和层次，效果如图3-41所示。

（4）选择糖果手杖，将其拖曳到舞台中，按【Ctrl+↑】组合键，将其上移一层。

（5）复制糖果手杖，选择任意变形工具，更改糖果手杖的大小和方向。使用同样的方法多次复制糖果手杖，调整其大小和方向，以及在舞台中的位置和层次，效果如图3-42所示。

图3-41 复制并添加装饰吊坠

图3-42 添加调整糖果手杖装饰

（6）使用选择工具，将星星素材拖动到舞台中，按【Ctrl+Shift+↑】组合键将其置于顶层，放置在圣诞树顶端。

（7）将礼物图形素材拖动到舞台中，按【Ctrl+Shift+↑】组合键将其置于顶层，利用任意变形工具█调整其大小，放置在圣诞树旁边，效果如图3-43所示。

（8）选择Deco工具█，在"属性"面板的"绘制效果"栏中的下拉列表中选择"装饰性刷子"选项，在"高级选项"栏中的下拉列表中选择"发光的星星"选项，将"图案颜色"设置为"#FFFF33"，如图3-44所示。

图3-43 添加星星和礼物

图3-44 设置"Deco工具"属性

（9）将鼠标指针移至舞台中，在圣诞树的位置上单击鼠标左键不放并拖曳，绘制星星装饰物，使用相同的方法，绘制3个相同的装饰物，如图3-45所示。

（10）按住【Shift】键不放，使用鼠标逐一单击绘制的星星装饰物，然后按【Ctrl+G】组合键进行组合。

（11）选择Deco工具█，在"属性"面板中将"图案颜色"更改为"#FF0000"，再次绘制星星装饰物，如图3-46所示。

图3-45 绘制黄色星星装饰物

图3-46 绘制红色星星装饰物

3.2.3 对齐图形

组建场景有时需要对一些图形进行对齐，此时，可以选择【修改】/【对齐】菜单命令进行对齐，也可单击"对齐"按钮█或按【Ctrl+K】组合键，打开"对齐"面板再进行对齐操作。对齐面板如图3-47所示，其中各参数介绍如下。

图3-47 对齐面板

● 对齐栏：主要用于使选中的对象在某方向上进行对齐，如"左对齐"和"右对齐"等。

● 分布栏：使选中对象在水平或垂直方向上，进行不同的对齐分布。

● 匹配大小栏：单击"匹配宽度"按钮█，在选中的对象中，以其中宽度最长的对象为基准，在水平方向上等尺寸变形；单击"匹配高度"按钮█，在选中的对象中，将以其中高度最长的对象为基准，在垂直方向上等尺寸变形；单击"匹配宽和高"按钮█，将以所选对象中最长的高和宽的为基准，在水平和垂直方向上同时等尺寸变形。

- 间隔栏：单击"垂直平均间隔"按钮，所选对象将在垂直方向上间距相等，单击"水平平均间隔"按钮，所选对象将在水平方向上间距相等。

- 与舞台对齐：单击选中[与舞台对齐]复选框，表示将以整个场景为标准调整图像位置，使图像相对于舞台左对齐、右对齐或居中对齐等。若撤销选中[与舞台对齐]复选框，则对齐图形时是以各图形的相对位置为标准。

下面将对场景中的素材进行对齐，具体操作如下。

（1）选中圣诞树和星星素材和绘制的星星装饰物，按【Ctrl+K】组合键打开"对齐"面板，单击选中[与舞台对齐]复选框。

（2）按【Ctrl+Alt+2】组合键，快速进行水平居中，效果如图3-48所示。

（3）选择椭圆工具，绘制一个椭圆作为圣诞树的阴影，在"属性"面板中将椭圆的笔触设置为"无"，将填充颜色设置为"#000000"，并设置填充颜色的Alpha值为"50%"，如图3-49所示。

（4）选中绘制的阴影，使用【Ctrl+↓】组合键，将其调整到圣诞树的下层，如图3-50所示。选择矩形工具，为礼物盒绘制阴影，在"属性"面板中设置矩形的阴影参数同椭圆的阴影参数一致。

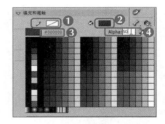

图3-48　水平居中图形　　　　图3-49　设置阴影颜色　　　　图3-50　绘制圣诞树阴影

（5）选择"任意变形工具"，单击矩形阴影，配合【Alt】键对矩形阴影进行变形，然后利用【Ctrl+↓】组合键将其调整到礼物的下层，效果如图3-51所示。

（6）使用相同的方法，利用矩形工具和椭圆工具绘制吊坠装饰的阴影，将其笔触设置为"无"，填充颜色设置为"#000000"，Alpha值为"20%"，如图3-52所示。

（7）按【Ctrl+↓】组合键将其调整到吊坠装饰下层。复制该阴影，调节其大小和位置，为其他吊坠添加阴影，最终效果如图3-53所示。

图3-51　绘制礼物盒的阴影　　　图3-52　绘制吊坠装饰物的阴影　　　图3-53　圣诞场景最终效果

3.3 项目实训

3.3.1 制作山坡场景

1．实训目标

微课视频

制作山坡场景

本实训的目标是制作一个山坡场景，制作时先绘制天空和云朵，使场景多元化。在绘制时应注意景物的远近效果，天空的颜色渐变，以及各个对象的位置和大小，然后绘制山坡，以从远到进的方式进行绘制，最后添动物素材，使场景更具活力。本实训的效果如图3-54所示。

图3-54 山坡场景制作效果

素材所在位置 素材文件\第3章\项目实训\山坡场景.fla
效果所在位置 效果文件\第3章\项目实训\山坡场景.fla

2．专业背景

在制作场景类的Flash文件时，需要考虑多方面因素，包括场景中的主要物体和次要物体的表现形式，以及这些物体在整个场景中的的位置和大小比例。

在制作山坡场景时，首先需要绘制大的背景，比如蓝天、白云和山坡，然后再对场景中的动物素材进行编辑。

3．操作思路

完成本实训主要包括天空和云朵的绘制、山坡的绘制和素材的添加等三大步操作，其操作思路如图3-55所示。

① 绘制天空和云朵　　　② 添加山坡　　　③ 添加动物

图3-55 山坡场景的制作思路

【步骤提示】

（1）新建一个空白动画文档，设置场景大小为"500×350"像素，背景色为"白色"，选择矩形工具■，设置为无笔触颜色，在"颜色"面板中设置填充渐变色为蓝色（#46C1C1）到白色的线性渐变，绘制一个与场景大小相同的矩形。

（2）选择渐变变形工具■，在场景中拖动旋转手柄，改变渐变方向。

（3）选择椭圆工具●，设置为无笔触颜色，设置填充色为"白色"，透明度为"50%"，在场景中绘制一个椭圆。

（4）选择选择工具▶，按住【Alt】键，拖动复制出几个绘制的半透明椭圆。选择绘制的椭圆图形，按【Ctrl+G】组合键组合，按【Ctrl+D】组合键直接复制组合后的图形，将复制后的图形移动到相应的位置，选择任意变形工具■，按住【Shift】键将复制的图形等比例缩小。

（5）选择刷子工具✐，设置为无笔触颜色且填充颜色为"#00684E"，在场景中绘制山形状的图形。继续使用该工具，设置填充颜色为白色，透明度为"60%"。

（6）打开素材文件，将其中的图形复制到当前文档中，然后选择任意变形工具■，将各图形缩小，并移动到相应位置。

（7）对各图形进行复制操作，其中，将鸟儿复制2个，羊图形复制6个，大象图形复制1个。使用任意变形工具■，分别将复制的图形缩小，并移动到相应的位置。

（8）对部分图形进行翻转操作，完成场景中动物图形的制作和位置摆放。在场景中绘制一些植物，完成山坡场景的制作。

3.3.2　制作童趣森林动画

微课视频

制作童趣森林动画

1．实训目标

本任务制作的"童趣森林"属于为动画布局的工作，在动画制作中首先应考虑如何进行布局才能达到美观的效果。然后根据构思的布局进行素材的调整，使其画面更美观。本实训完成后的参考效果如图3-56所示。

素材所在位置　素材文件\第3章\项目实训\童趣\
效果所在位置　效果文件\第3章\项目实训\童趣森林.fla

图3-56　童趣森林动画

2．专业背景

对动画进行布局在很多动画制作过程中都很适用，在制作动画时，都将背景和主体分开，背景基本上不需要太多修改，只需要调整主体即可。对于大型动画来说，为动画布局一般分为两步：首先构思，在纸张上先将物体放置的大致位置绘制出来制作脚本，然后制作各物体再根据脚本布局动画。

3．操作思路

完成本实训首先应导入所有的素材，然后添加背景至舞台，最后添加并调整各个素材。这是本项目制作的主要部分。在制作过程中主要使用各种编辑图形的工具，使布局更完美，其操作思路如图3-57所示。

① 添加背景   ② 缩小图像   ③ 调整其他图像

图3-57　童趣森林动画的操作思路

【步骤提示】

（1）启动Flash CS6，选择【文件】/【新建】菜单命令，在打开的"新建文档"对话框中设置"宽"和"高"的值分别为"800"和"500"，单击 确定 按钮。

（2）选择【文件】/【导入】/【导入到库】菜单命令，在打开的"导入到库"对话框中选择"童趣"文件夹中的所有文件，单击 打开(O) 按钮。

（3）按【Ctrl+L】组合键，打开"库"面板。使用鼠标选择"背景"图像并将其拖动到舞台上。

（4）在"库"面板中将"儿童1.png"图像移动到舞台上。在"工具"面板中选择任意变形工具 ，单击选中舞台上的"儿童1.png"图像。将鼠标光标移动到图像左上角，当鼠标光标变为↖状时，按住【Shift】键向下拖动鼠标，将图像缩小。

（5）使用相同的方法将"儿童2.png~儿童4.png"图像移动到舞台上，并缩放其大小，并将其移动到地面上和树叶上。

（6）将"儿童5.png"图像移动到舞台上方，缩小图像。按【Ctrl+T】组合键，打开"变形"面板，选择"儿童5.png"图像，在"变形"面板中设置"旋转"值为"155.8"。

（7）将"儿童6.png~儿童8.png"图像移动到舞台上，缩小图像。最后设置"儿童8.png"图像的"旋转"值为"−121.7"。

（8）选择舞台中的所有儿童图像，按【Ctrl+G】组合键，群组图像。在"工具"面板中，选择文本工具 ，使用该工具在舞台中间单击输入"童趣森林"文本，完成本例的制作。

3.4　课后练习

本章主要介绍了编辑图形的基本操作，包括为图形填充渐变色、调整填充的渐变色、选择和复制图形、旋转和变形图形、组合图形、对齐图形和层叠图形等知识。对于本章的内容，读者应认真学习和掌握，为后面设计广告Banner和请帖等打下基础。

练习1：制作沙滩动画

本练习要求制作沙滩动画，主要练习素材图形的编辑与组合。在

微课视频

制作沙滩动画

制作过程中，沙滩和大海是主要操作对象，需进行渐变色填充，使画面色彩更绚丽，最后导入素材并进行组合和调整，如图3-58所示。

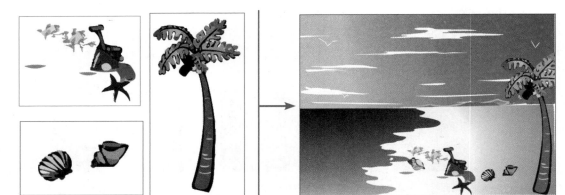

图3-58　沙滩动画效果

素材所在位置　素材文件\第3章\课后练习\沙滩.fla
效果所在位置　效果文件\第3章\课后练习\沙滩.fla

操作要求如下。
- 首先画出天空的轮廓，然后进行填充，再使用渐变变形工具，调整填充效果。
- 绘制大海，然后进行填充和调整，再绘制沙滩。绘制沙滩时，可以不用再次绘制沙滩与大海的衔接处，直接绘制一个矩形，将其调整到大海图形的下层即可。
- 绘制山脉，填充不同的颜色，用于表示山脉不同的明暗变化。使用橡皮擦工具 ，擦出云朵和海鸥，最后将场景中的素材图形放置到合适位置即可。逐一调整素材的大小和层叠位置。

练习2：编辑天线屋顶动画

微课视频

编辑天线屋顶动画

本次练习将编辑天线屋顶动画，首先打开"天线屋顶"文档，然后进行背景的编辑，其中，编辑背景是本练习的核心。在文档中使用任意变形工具对背景的矩形进行变形，再使用"变形"面板的重置选区和变形功能将变形的矩形复制并旋转3次，并为它们设置不同的颜色，最后添加并设置文字，参考效果如图3-59所示。

素材所在位置　素材文件\第3章\课后练习\天线屋顶.fla
效果所在位置　效果文件\第3章\课后练习\天线屋顶.fla

操作要求如下。
- 使用任意变形工具对背景的矩形进行变形，然后使用"变形"面板的重置选区和变形功能将变形的矩形复制并旋转3次，分别它们设置其颜色为"#D6D6D6""#E0E0E0""#EBEBEB"。
- 选择文字，选择【修改】/【分离】菜单命令，将文字分离为单个文字。
- 选择单个文字，选择【修改】/【分离】菜单命令，将文字进行分离。

● 将部分笔画填充为白色。

图3-59 编辑天线屋顶动画后的效果

3.5 技巧提升

1．如何让图形围绕其他位置旋转

选择图形并选择任意变形工具██后，图形的几何中心会有一个小圆圈，对图形进行旋转是以该小圆圈为中心的。因此，只需要改变该小圆圈的位置即可。用鼠标直接拖动小圆圈就能移动小圆圈的位置，从而改变图形中心点的位置。

2．如何快速转换笔触颜色和填充颜色

按【Alt+Shift+F9】组合键或单击"颜色"按钮██，打开"颜色"面板，在其中单击"交换颜色"按钮██，即可将笔触颜色和填充颜色进行互换。在"颜色"面板中单击"黑白"按钮██，还可快速将笔触和填充颜色设置为默认的黑白颜色。

3．如何一次性撤销对图形的变形操作

按【Ctrl+T】组合键或单击"变形"按钮██，打开"变形"面板，在其中单击"取消变形"按钮██，即可一次性取消变形。

4．分镜的使用

在制作大型动画时，为了动画前后的连贯性。动画策划者一般都会自己做，或让有大量动画制作经验的人员绘制分镜。所谓分镜就是将一些重要的画面以简笔画的方式在纸上绘制出来，再由动画制作师对分镜中没有绘制的动画一帧帧的制作出来。

绘制分镜的好处在于，动画监督者可以更快更好地把握动画的节奏、结构等环节，能够更合理地安排人员制作动画。

CHAPTER 4

第4章
创建文本

情景导入

　　米拉已经掌握了在Flash CS6中绘制图形和编辑图形的方法，于是老洪让米拉在编辑后的图形中创建文本，并对文本的创建方法进行掌握。

学习目标

● 掌握音乐节海报的制作方法

　　掌握文本的类型、输入文本、特殊文本样式、编辑文本的方法等方面的知识。

● 掌握招聘网页的制作方法

　　掌握设置文本框容器、设置滤镜的方法。

案例展示

▲制作音乐节海报

▲制作招聘网页

4.1 课堂案例：制作音乐节海报

海报具有快速吸引群众眼球宣传内容的效果，本例中将制作音乐节的海报。在制作过程中，首先应考虑如何进行文字和图片的搭配。海报中用到的主要是文字输入和图片的组合，因为需要通过文字来传达其主题，所以还需要注意文字和文字颜色的搭配，完成文字的输入后还需对文字进行美化设置，使制作的文字能更加美观。本例完成后的效果如图4-1所示。

素材所在位置 素材文件\第4章\课堂案例\音乐节\
效果所在位置 效果文件\第4章\课堂案例\音乐节.fla

图4-1 音乐节海报最终效果

4.1.1 文本的类型

Flash CS6中有两种不同的文本引擎，一种是新文本引擎——文本布局框架（Text Layout Framework，TLF），另一种是老版本的文本引擎——传统文本。TLF支持更多的文本布局功能，加强了对文本属性的精细控制。与传统文本相比，TLF文本增强了许多文本控制功能。

TLF文本要求在FLA文件的发布设置中指定ActionScript 3.0和Flash Player 10或更高版本。与传统文本不同，TLF仅支持OpenType和TrueType字体，不支持PostScript Type 1字体。

Flash CS6默认的文本引擎为TLF，使用TLF文本可创建3种类型的文本块，如图4-2所示。

图4-2 TLF文本类型

- 只读：当作为SWF文件发布时，文本无法选中或编辑。
- 可选：当作为SWF文件发布时，文本可以选中并可复制到剪贴板，但不可以编辑。在TLF文本中，此选项为默认设置。
- 可编辑：当作为SWF文件发布时，文本可以选中和编辑。

图4-3 传统文本类型

使用传统文本也可创建3种类型的文本块，如图4-3所示。

- 静态文本：在舞台中输入的文字是静态的，可以对文本格式执行各种操作。
- 动态文本：可链接显示外部来源的文本，通过程序从文件、数据库中加载文本内容，或者让其在动画播放的过程中发生改变，如载入条上显示百分比的数字。

扫一扫

音乐节海报彩图效果

第4章 创建文本

55

● **输入文本**：用户可以在文本字段中键入内容，如登录框，可输入用户名和密码。

4.1.2 输入文本

在"属性"面板的标题栏上，单击右上角的 按钮，在打开的下拉菜单中选择需要显示的选项，使选项前出现 标记即可。在工具栏中单击"文本工具"按钮 ，将鼠标指针移至舞台中。此时，鼠标指针变为 形状，按住鼠标左键不放并拖曳，绘制一个文本框，并在文本框中输入文本即可，如图4-4所示。

图4-4 输入文本

4.1.3 特殊的文本样式

在Flash中也可以对文字进行一些较特殊的排版操作，使画面中的文字排版不再千篇一律，如竖排文本、分栏文本、制作可编辑的输入文字等。

1．竖排文本样式

在Flash中，文字不但能够进行横排，还能进行竖排。竖排文本样式出现在各种Flash动画中。使用竖排文本的方法为：选择文字工具，在"属性"面板的"改变文本方向"下拉列表框中选择"垂直"选项，如图4-5所示。最后在舞台中输入文本，输入的文本将会竖排显示，如图4-6所示。

图4-5 设置文本方向　　　　图4-6 设置竖排文本效果

2．分栏文本样式

为了使动画中的文字看起来更具有变化，有时用户可在动画中使用分栏文本，方法为：输入文本后，使用文本工具选择所有的文本；在"属性"面板中设置"文本引擎"为"TLF文本"；在"容器和流"栏的"列"中设置"列"为"2、20.0"，完成后即可看到舞台中的文本已被分为了双栏，效果如图4-7所示。

3．制作可编辑输入的文字

在制作Flash动画的文字效果时，通过"属性"面板还可制作出可编辑输入的文字和具有密码效果的文字。制作可编辑输入的文字的方法是：在"属性"面板中设置"文字引擎"为"TLF文本"，再设置"文本类型"为"输入文本"或"可编辑"文本类型，选择为"输入文本"时可输入文本。

图4-7 分栏文本样式

若是制作输入密码的文本框时，则在"行为"下拉列表框中选择"密码"选项，然后再在舞台中绘制文本框。当Flash文档完成并发布后，用户可在所设置的区域中进行文本和密码的输入，如图4-8所示。

4．分离传统文字

分离传统文本是Flash中经常对文本进行的操作之一，传统文本没有TLF文本智能，因此，若要使用传统文本进行，如擦除、改变形状、填充渐变色等操作时，一定要对其进行分离操作，才能对传统文本进行细致地编辑。

图4-8　可编辑输入的文字效果

选择文字，选择【修改】/【分离】菜单命令，或按【Ctrl+B】组合键，可将文字分离为单个的对象，再按【Ctrl+B】组合键，将文本分离为矢量图形。如果不再单独对文本进行分离操作，需选择输入的文本，选择【修改】/【时间轴】/【分散到图层】菜单命令，可将输入的文本一次分散到各个图层中。

动态文字的制作和用法

使用Flash制作动态文字，可利用发散动画文字、关键帧等方法实现，如制作的飞行文字或弹跳之类的文字效果。动态文字比传统文字更具吸引力，常用于企业标志、游戏界面等多个领域。

4.1.4　编辑文本

与传统文本不同，在TLF中随着文本的增多，文本框并不会随之发生改变。若出现溢流文本（即文本框已无法装下文字的情况），其文本框右下角会出现 ⊞ 符号。单击该符号，当鼠标指针变为 形状时，将鼠标指针移至空白位置，按住鼠标左键不放并拖曳鼠标可绘制一个TLF文本框。这两个文本框将自动链接起来，且第一个文本框中的溢流文本将自动排列到第二个文本框中。若已存在一个空白的TLF文本框，单击 ⊞ 符号后，将鼠标指针移至该空白文本框中，当鼠标指针将变为 形状时，单击鼠标左键，即可链接这两个文本框。

取消文本框链接和设置文本的排列方式

在被链接的文本框上，双击其左上角的▶按钮即可取消两个TLF文本框之间的链接。选中文本框，单击文本类型右侧的▼按钮，在弹出的下拉菜单中可设置文本的排列方式为"水平"或"垂直"。

1．设置元件属性

在进行制作前需要先创建文档，导入素材，然后创建元件并对元件属性进行设置，具体操作如下。

（1）新建一个尺寸为1500×750像素的空白动画文档。选择【文件】/【导入】/【导入到库】菜单命令，将"音乐节"文件夹中的所有图像都导入到库中，从"库"面板中将"背景"元件移动到舞台中，作为背景，然后锁定"图层1"，新建"图层2"，如图4-9所示。

微课视频

设置元件属性

（2）将"素材2"图像移动到舞台中。使用任意变形工具  调整大小使其与舞台匹配。按【F8】键，打开"转换为元件"对话框，设置"名称"和"类型"为"素材2"和"影片剪辑"，单击 确定 按钮，如图4-10所示。

图4-9　导入素材

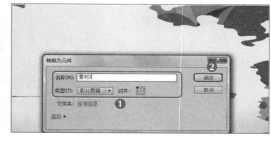

图4-10　新建元件

（3）打开"属性"面板，在其中展开"显示"选项。设置"混合"为"叠加"，为选择的"素材2"元件设置混合效果，如图4-11所示。

（4）从"库"面板中将"素材1"图像拖动到舞台中间。使用任意变形工具  调整大小，使其与舞台匹配，如图4-12所示。

图4-11　设置元件属性

图4-12　继续添加素材

2．输入并设置文本

下面进行文本的输入，然后对字符样式和段落样式进行设置，再使用文本工具添加文字，其具体操作如下。

微课视频

输入并设置文本

（1）选择文本工具 T ，打开"属性"面板，在其中设置"系列、大小、颜色"分别为"汉真广标、24.0点、#666666"，使用鼠标在舞台左边绘制一个文本容器，并输入文本，如图 4-13 所示。

（2）选择输入的文本，在"属性"面板中展开"段落"选项，在其中设置"缩进、段后间距"分别为"45.0 像素、8.0 像素"，如图 4-14 所示。

图4-13　设置字符格式

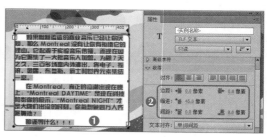

图4-14　设置段落格式

（3）在舞台右上方绘制一个文本容器，在其中输入文本，并使用任意变形工具■旋转文本。选择文本，在"属性"面板中设置"系列、大小、行距、颜色、加亮显示"分别为"方正粗倩简体、38.0 点、93、#FFFFFF、#993399"，如图 4-15 所示。

（4）在舞台右下方绘制一个文本容器，在其中输入文本。选择文本在"属性"面板中设置其"系列、大小、颜色、加亮显示"分别为"方正粗倩简体、21.0 点、#FFFFFF、#993399"，如图 4-16 所示。

图4-15　继续输入文本

图4-16　输入时间地点

（5）新建"图层 3"，在舞台中间输入"MONTREAL"文本，选择文本，在"属性"面板中设置其"系列、大小、颜色"分别为"方正粗倩简体、95.0 点、#000000"，如图 4-17 所示。

（6）复制"图层 3"，选择其中的文本。按两次【Ctrl+B】组合键，分离文本。选择分离的文本，选择【窗口】/【颜色】菜单命令，打开"颜色"面板。在"颜色类型"下拉列表框中选择"位图填充"选项，单击■■■按钮，在打开的对话框中选择"背景 .jpg"图像，在下方的填充列表中单击选择的图像，填充文本效果，如图 4-18 所示。

图4-17　新建图层

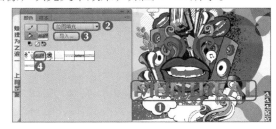

图4-18　分离文本

（7）锁定"图层 1"~"图层 3"，选择"图层 3 复制"图层中的文本，并向左上角稍微移动文字，露出黑色的文本，制作出阴影的效果。选择【修改】/【形状】/【柔化填充边缘】菜单命令，打开"柔化填充边缘"对话框，在其中设置"距离、步长数"分别为"5 像素、4"，并单击选中"插入"单选项，单击■■■按钮，如图 4-19 所示。

（8）保持文字的选择状态，在"属性"面板中设置"笔触颜色"为"#FFFFFF"，设置"笔触"为"0.10"，如图 4-20 所示。

（9）按【F8】键，打开"转换为元件"对话框，设置"名称""类型"分别为"标题""影片剪辑"，单击■■■按钮，将标题转换为元件，如图 4-21 所示。

（10）进入"标题"元件编辑窗口，按两次【F6】键，插入两个关键帧，选择其中的文本，选择【窗口】/【变形】菜单命令，打开"变形"面板，在其中设置"缩放宽度""缩放高度"分别为"110.0%""110.0%"，如图 4-22 所示。

图4-19　柔化填充边缘

图4-20　设置填充边缘

图4-21　转换为元件

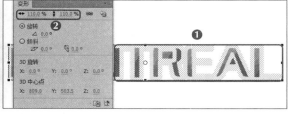

图4-22　编辑"标题"元件

（11）按两次【F6】键，插入两个关键帧。在"变形"面板中设置"缩放宽度""缩放高度"分别为"120.0%""120.0%"。复制第1~5帧，选择第6帧粘贴该帧，单击鼠标右键，在弹出的快捷菜单中选择"翻转帧"命令，完成制作，如图4-23所示。

图4-23　翻转帧

设计文字时的注意事项

① 避免杂乱无章，让人容易识别，了解文字的意图；② 在不同类型的文件中，应使用符合主题风格的字体，清晰的字体更能表达诉求，同时，多行文字的行间距不能大于文字的高度，否则看起来会很松散；③ 文字的位置和大小应当符合整体的需求，分清画面主次，不能有视觉上的冲突，若不是网页地址等内容，不要将文字放在画面的边角上。

4.2　课堂案例：制作招聘网页

应客户要求，需要对已制作完成的招聘网页进行修改，使内容看起来更丰富。老洪将这项工作交给了米拉。本例主要是对制作好的文本进行编辑。这是一则招聘的网页，因此，首先应以公司的优势来抓住读者的眼球，应先设置关于公司的文本框，使其在整个网页中更加醒目，然后为公司的Logo设置滤镜，使整个网页中的文字显得丰富多彩。本例完成后的参考效果如图4-24所示。

素材所在位置 素材文件\第4章\课堂案例\招聘网页.fla
效果所在位置 效果文件\第4章\课堂案例\招聘网页.fla

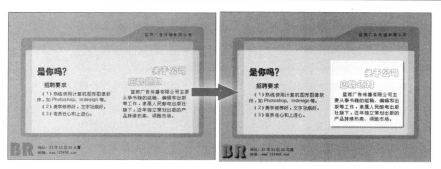

扫一扫
"招聘网页"彩图效果

图4-24 "招聘网页"最终效果

4.2.1 设置文本框容器

通过在"属性"面板的"容器和流"栏中调节相关参数，可对文本框进行设置，如填充背景等。下面对招聘网页中的文本框添加背景，具体操作如下。

微课视频
设置文本框容器

（1）打开"招聘网页.fla"文件，选中右侧"关于公司"文本框，在"容器和流"栏中单击"将文本与容器中心对齐"按钮▣，使文本在文本框的垂直方向上居中，如图4-25所示。

（2）单击填充容器边框颜色右侧的色块，在弹出的颜色面板中将笔触颜色设置为白色"#FFFFFF"，设置边框宽度为"2.0"。单击填充容器背景颜色右侧的色块，在弹出的颜色面板中选择白色"#FFFFFF"，将"Alpha"值设置为"60%"。

（3）将"填充"左侧和上部的距离设置为"8.0"，如图4-26所示。完成后的效果如图4-27所示。

图4-25 对齐文本　　　　图4-26 设置文本框容器　　　　图4-27 文本框容器设置效果

（4）保持文本框容器的选中状态，在"滤镜"栏中单击"添加滤镜"按钮▣，在打开的下拉列表中选择"斜角"选项，如图4-28所示。

（5）在"斜角"参数栏中，将"模糊"设置为"3像素"，"强度"设置为"40%"，单击"品质"右侧的 低 ▼ 按钮，在弹出的下拉菜单中选择"高"选项，将"距离"设置为"3像素"，单击"类型"右侧的 内侧 ▼ 按钮，在弹出的下拉菜单中选择"外侧"选项，如图4-29所示。

（6）按【Ctrl+Shift+S】组合键，打开"另存为"对话框将设置后的文件保存在需要的位置，避免将源文件覆盖，完成后的效果如图4-30所示。

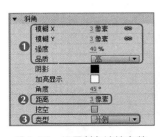

图4-28　选择斜角滤镜　　　图4-29　设置斜角滤镜参数　　　图4-30　文本框容器最终设置效果

在"容器和流"栏中进行分栏

在"容器和流"栏中更改"列"右侧的数值，还可对文本框容器中的文本执行类似Word中的分栏操作。

4.2.2　设置滤镜

在Flash CS6中还可为文本对象添加投影和模糊等滤镜，使文字更加丰富多彩。Flash中的滤镜效果只能应用于文本、影片剪辑和按钮元件。

1. 投影滤镜

微课视频

投影滤镜

投影滤镜即是为对象添加投影，使其看起来更加立体，产生光线照射的效果。下面为Logo字体设置投影，具体操作如下。

（1）选中作为logo的"BR"文本，在"属性"面板的"滤镜"栏中单击"添加滤镜"按钮，在打开的下拉列表中选择"投影"选项，如图4-31所示。

（2）在"滤镜"栏中设置"投影"滤镜的参数，设置"模糊X"和"模糊Y"均为"5像素"。

（3）单击"品质"右侧的 低 按钮，在打开的下拉列表中选择"高"选项，将投影的"角度"设置为"30°"，投影的"距离"设置为"1像素"，其余保持默认不变，如图4-32所示。文本的投影设置效果如图4-33所示。

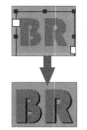

图4-31　选择投影滤镜　　　图4-32　设置文字的投影效果　　　图4-33　投影设置效果

2. 发光滤镜

为文字设置投影之后，还可为文字添加一些发光效果，具体操作如下。

（1）保持"BR"文本的选中状态，在"滤镜"栏中单击"添加滤镜"按钮，在打开的下拉列表中选择"发光"选项。

（2）在"发光"参数栏中设置"强度"为"80%"，将"品质"设置为"高"，设置发光"颜色"为绿色"#00FF00"，设置效果如图4-34所示。

微课视频

发光滤镜

图4-34 发光滤镜设置效果

知识提示

"渐变发光"滤镜与"发光"滤镜的区别

在Flash中还有一种"渐变发光"滤镜，与"发光"滤镜不同的是，"渐变发光"通过颜色的渐变来设置对象的发光效果，且还可设置发光的角度和距离；而"发光"滤镜则是通过单色设置对象的发光效果，虽然效果比较单一，但在"发光"滤镜中可设置"内发光"。

3. 斜角滤镜

下面为文字添加一个内斜角的效果，使文字看上去具有一定的厚度，具体操作如下。

微课视频

斜角滤镜

（1）在"滤镜"栏中单击"添加滤镜"按钮，在打开的下拉列表中选择"发光"选项。

（2）在"斜角"参数栏中设置"模糊X"和"模糊Y"均为"3像素"，将"强度"设置为"67%"，将"品质"设置为"高"。

（3）单击"加亮显示"右侧的色块，在弹出的颜色面板中选择黄色"#FFFF00"，再设置"类型"为"内侧"，如图4-35所示。设置后的文字效果如图4-36所示。

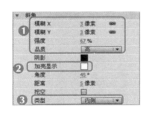

图4-35 设置发光效果

图4-36 发光滤镜设置效果

知识提示

"渐变斜角"滤镜与"斜角"滤镜的区别

在Flash中还有一种"渐变斜角"滤镜。该滤镜与"斜角"滤镜不同的是，渐变斜角通过颜色的渐变来设置对象的亮部与暗部；"斜角"则通过单色设置对象的亮部与暗部。

4. 调整颜色

下面对文字进行调色，使文字logo的颜色符合整体的风格，具体操作如下。

微课视频

调整颜色

（1）依次单击"投影""发光"和"斜角"参数栏前的按钮，折叠这3个参数栏。单击"添加滤镜"按钮，在打开的下拉列表中选择"调整颜色"选项。

（2）在"调整颜色"参数栏中设置"饱和度"为"12"，"色相"为"-48"，设置结果如
图4-37所示。

（3）在"滤镜"栏中单击"预设"按钮，在打开的下拉列表中选择"另存为"选项，打
开"将预设另存为"对话框，在"预设名称"文本框中输入"logo效果"，单击 确定
按钮，如图4-38所示。

（4）按【Ctrl+S】组合键保存文本，完成后的效果如图4-39所示。

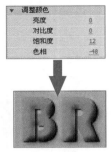
图4-37　颜色调整效果

图4-38　保存预设效果

图4-39　"招聘网页"最终效果

知识提示

快速应用保存的预设效果

　　保存预设效果，可将当前选中对象的所有滤镜效果保存在"预设"
中。当需要在其他对象上添加相同的滤镜效果时，可直接选中需要添加滤
镜效果的对象，再在"滤镜"栏中单击"预设"按钮，在打开的下拉列
表中选择保存的预设效果快速添加。

5．模糊滤镜

　　在Flash CS6中还可对对象设置模糊效果。该效果在文字动画中也经常涉及。模糊滤镜中
的参数较少，如图4-40所示。

　　在所有滤镜的参数面板中都有一个"品质"选项。这是为了方便制作动画而设立的。若
不需要为文本添加动画效果，可选择"高"选项。若添加了动画效果，则建议选择"低"选
项。模糊了"10像素"和"20像素"的文本对象的显示效果如图4-41所示。

图4-40　模糊滤镜参数面板

图4-41　设置不同模糊参数的文本对象

6．编辑滤镜

　　前面的讲解中已涉及"添加滤镜"按钮和"预设"按钮的操作，通过"滤镜"栏下
的其他按钮，还可对添加的滤镜效果进行复制和粘贴等操作，从而快速地设置和观察滤镜的
效果。

- "剪贴板"按钮：单击该按钮，在弹出的菜单中可复制滤镜效果，并可将复制后
  的效果粘贴到其他需要设置相应效果的对象中。

- "启用或禁用滤镜"按钮：单击选中添加的滤镜效果标题栏，此时，该按钮变为
  可选状态，单击该按钮，被选中的滤镜参数栏被折叠，其标题栏变为如图4-42所

示，此时该滤镜效果在对象中已被禁用。单击选中该滤镜效果标题栏，再次单击"启用或禁用滤镜"按钮，即可恢复。

- "重置滤镜"按钮：选中滤镜效果，再单击该按钮，可将选中滤镜效果中的参数重置为默认的参数。

图4-42 滤镜被禁用

- "删除滤镜"按钮：选中添加的滤镜，单击该按钮，可将选中的滤镜删除。

4.3 项目实训

4.3.1 制作名片

1．实训目标

本实训将制作一张名片。因为已经制作好名片的背景，所以制作时应注意名片背景与文字颜色之间的对比，需保持整体的风格，名片中应该有名称、电话、地址、公司名称等信息。因此，首先应输入文字，然后设置文字的样式，文字在名片中占的比例、文字的大小，以及文字与名片边线的距离等。本实训的效果如图4-43所示。

微课视频

制作名片

 素材所在位置 素材文件\第4章\项目实训\名片.fla
效果所在位置 效果文件\第4章\项目实训\名片.fla

图4-43 名片制作效果

2．专业背景

设计名片首先必须了解名片的尺寸，一般长为85.60毫米、宽为53.98毫米、厚为1毫米。该尺寸大小是由ISO（International Organization for Standards；国际标准化组织）7810（ISO7810是身份证、银行卡等尺寸的国际标准）定义，且名片一般为圆角矩形。为了方便设计与制作，大部分名片设计时，都设为成品尺寸长85厘米、高55厘米，或长86厘米、高54厘米。由于在Flash中绘制的是矢量图形，因此只需比例正确即可。了解关于卡片设计的相关专业知识后便可开始设计与制作。

3．操作思路

完成本实训主要包括添加背景的大体文字，公司名称、地址和电话，以及姓名和职位等三大步操作，其操作思路如图4-44所示。

【步骤提示】

（1）打开素材文件，输入"BLUERAIN"，设置其字体为"华文琥珀"，颜色为白色

"#FFFFFF"，"Alpha"值为"50%"，分离文字，组合打散的文本。

① 添加背景　　　　② 添加公司名称、地址和电话　　　　③ 添加姓名和职位

图4-44　名片制作思路

（2）输入右上角的公司名称和左下角的地址和联系电话，并设置颜色为"#66FFFF"，字体为"幼圆"，其中，公司名称字号大小为"13"，地址和电话字号大小为"10"。

（3）使用TLF文本工具，输入"赵倩总经理"文本，设置字号为"27"，字体为"华文行楷"，颜色为"#000099"。

（4）选择"总经理"文本，将字体更改为"幼圆"，在"字符"栏中单击"切换下标"按钮 **T.**，在"高级字符"栏的"对齐基线"下拉列表中选择"罗马文字"选项。

（5）选中姓名职位文本，为其添加"发光"滤镜，将"发光"滤镜的模糊值设置为"8像素"，颜色设置为白色"#FFFFFF"，最后保存设置好的名片。

4.3.2　制作服装品牌介绍页面

1．实训目标

要完成本任务，首先应添加背景图片。若只使用文字进行制作，画面将显得单调。然后，输入文本，设置文字的样式和段落格式。因为品牌介绍主要还是以文字来表达主题，但服装品牌介绍页面的内容太多，一页不能全部现实，所以需要将文本设置为动态文本，单击动画中的文字并滚动鼠标中间的滚轮，将滚动显示文字。本实训完成后的参考效果如图4-45所示。

微课视频

制作服装品牌介绍页面

 素材所在位置 素材文件\第4章\项目实训\服装品牌介绍\
效果所在位置 效果文件\第4章\项目实训\服装品牌介绍页面.fla

图4-45　服装品牌介绍页面

2．专业背景

本例制作的"服装品牌介绍页面"属于网页设计中企业文化的一种。很多企业的网站上都会有关于企业自身的文化介绍，在企业网站上添加企业文化介绍不但能丰富、补充企业信息，同时还能对树立品牌形象、建立品牌忠诚度有很大的作用。

不同企业宣传企业文化的侧重点有所不同，下面讲解3个不同企业网站企业文化的侧重点。

- 服装类：这类网站的企业文化主要以渲染服装品质和亮点为主，可以通过对服装设计师的一些介绍及作品展示吸引消费者。
- 电子类：可将企业的发展史、制作的成果及企业理念通通进行一次系统的梳理。
- 食品类：根据自身产品的特点，以新鲜、原生态、口感、种类为主要噱头吸引消费者，并穿插加入企业历史等为辅。

3．操作思路

完成本实训首先应导入图片素材，需添加背景至舞台，并调整素材的大小和位置。然后，输入文字，并设置文字的段落格式，这是本任务的主要部分，文字是品牌介绍的重点。最后调整文本框大小。操作思路如图4-46所示。

① 添加并调整素材　　　② 设置文字段落格式　　　③ 调整文本框大小

图4-46　服装品牌介绍页面的操作思路

【步骤提示】

（1）新建"852×750"像素的空白文档，导入"时装.jpg""头像.jpg"素材。

（2）从"库"面板中将"时装.jpg"图像移动到舞台中间，锁定图层。

（3）新建"图层2"，输入"WELCOME"，设置"系列""大小""颜色"分别为"Arial""12.0""红色（#FF0000）"，在图像左上方输入"WELCOME"。

（4）输入文本，设置"时尚。联线"文本的"系列""大小"分别为"方正大黑简体""30.0"。设置"时尚"文本的颜色为红色（#FF0000），设置"联线"文本的颜色为"黑色"。

（5）输入"马丁"，设置"系列""大小""颜色"分别为"方正粗倩简体""18.0""黑色"。新建"图层3"，在"库"面板中将"头像.jpg"图像移动到图像左边并缩小、旋转图像。

（6）新建"图层4"，选择文本工具，设置"文本引擎""文本类型""系列""大小""颜色"分别为"传统文本""动态文本""黑体""6.0""黑色"，在"段落"栏中设置"行为"为"多行"。

（7）复制"设计师介绍.txt"文本，调整文本框大小。按【Ctrl+Enter】组合键测试动画。

4.4　课后练习

本章主要介绍了文本的类型和添加文本的方法，并讲解了如何为文本设置字号、字体和颜色等基础的字符设置知识，以及文本段落的设置操作方法，并对文本框的设置和文本滤镜的添加及调整等操作进行了叙述。Flash中文本的应用必不可少，读者应认真掌握本章内容，以便在后面的章节中熟练地为添加的文本制作不同的效果。

练习1：文字片头

微课视频

文字片头

本练习要求制作一个文字片头，首先应绘制背景，并为其填充渐变色，使颜色更丰富，然后输入文字。因为是制作文字片头，所以文字是主要内容，在制作时应将文字的字号设置得稍大，使其具有冲击力，再为文字添加滤镜，制作后的效果如图4-47所示。

 效果所在位置 效果文件\第4章\课后练习\文字片头.fla

操作要求如下。

- 绘制一个与舞台大小相同的背景，并为其填充径向渐变，调整渐变范围。绘制两个TLF文本，分别输入"BLUERAIN"和"ANIMATION"。
- 选中"BLUERAIN"文本，设置其字体、字号和颜色，再为其添加"阴影"和"发光"滤镜，然后将添加的滤镜效果保存为预设。然后设置"ANIMATION"文本，字体设置的稍微小一些。

图4-47 文字片头效果

- 在"滤镜"面板中为"ANIMATION"文本添加刚才保存的预设滤镜效果。

练习2：制作海之歌动画

微课视频

制作海之歌动画

本次练习将制作海之歌动画。若单纯以文字来展示，将很难展示海的效果。因此，首先将导入素材，以图文结合的形式来进行展示，然后输入文字，再对文字进行设置，最后对输入的整段文字进行设置，使其更加美观，参考效果如图4-48所示。

图4-48 海之歌动画

 素材所在位置 素材文件\第4章\课后练习\海之歌\
效果所在位置 效果文件\第4章\课后练习\海之歌.fla

操作要求如下。

- 新建一个"1000×724"像素的空白文档。将"海洋背景.jpg"图像导入到舞台中。
- 绘制"TLF文本",设置"系列、大小、颜色、行距"分别为"Kristen ITC、20.0点、#3333CC、100%"。创建文本容器,输入文本。
- 选择第一行文本,设置居中对齐,设置"段后间距"为"10.0像素"。
- 选择除标题以外的所有文本,设置"缩进""段后间距"分别为"28.0像素""10.0像素"。

4.5 技巧提升

1．什么是TLF文本

传统文本是早期使用的一种文本引擎,只能有简单的文本效果。而新的TLF文本引擎则可以实现更加丰富的布局功能和对文字属性进行精确设置。

与传统文本相比,TLF文本能设置更多的字符样式、段落样式。此外,TLF文本可以在多个文本容器中实现文本串联。TLF文本能直接使用3D效果、色彩效果和混合模式等,而不用将文本先存放在影片剪辑中再进行编辑。

2．制作字幕

用户在制作一些视频动画时,可能会为了剧情需要而对动画添加字幕,但使用Flash添加字幕耗时耗力,效率低下。此时,用户不妨使用一些专用为视频添加字幕的软件,如Subtitle Workshop、Time machine等。这类软件通常支持大量的影片格式,且软件小、运行速度快,导入动画的速度也快,操作简单,易于学习。

3．为何要启用"显示亚洲文本选项"和"显示从右至左选项"

Flash CS6的TLF文本中包括针对亚洲文本的特别选项。这些选项只有在启动"显示亚洲文本选项"和"显示从右至左选项"后才能出现,否则制作的文字会有差异性。

CHAPTER 5

第5章
使用素材和元件

情景导入

　　米拉已经制作了几个不同的项目，为了提高制作的效率，米拉决定直接使用图库中的素材和元件制作动画。

学习目标

● 掌握"郊外"场景的制作方法
　　掌握认识元件、创建元件、编辑元件、导入位图、导入PSD文件、将位图转换为矢量图、设置"库"面板等知识。
● 掌握卡通跳跃动画的制作方法
　　掌握实例的操作方法。

案例展示

▲合成"郊外"场景

▲制作卡通跳跃动画

5.1　课堂案例：合成"郊外"场景

　　本案例将制作"郊外"场景。郊外令人心旷神怡，因此，在制作过程中，首先绘制草地和天空，并为其填充渐变色，让它们的颜色更加的清新；然后绘制白云，白云给人一种好天气的感觉；最后添加各种素材，如花、树、蝴蝶、太阳等，让人有出游的感觉。本例完成后的效果如图5-1所示。

素材所在位置　素材文件\第5章\课堂案例\郊外\
效果所在位置　效果文件\第5章\课堂案例\郊外.fla

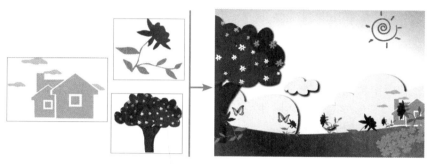

图5-1　"郊外"场景的最终效果

扫一扫

"郊外"场景彩图
效果

5.1.1　认识元件

　　在Flash中，可以将一些需要重复使用的元素转换为元件，以便调用，被调用的元素被称为实例。元件是由多个独立的元素和动画合并而成的整体，每个元件都有一个唯一的时间轴和舞台，以及几个图层。在文档中使用元件可以显著减小文件的大小，还可以加快swf文件的播放速度。

　　实例是指位于舞台上或嵌套在另一个元件内的元件副本。Flash允许对实例的颜色、大小和功能进行更改，对实例的更改不会影响其父元件，但编辑元件则会更新它的所有实例。在Flash CS6中可创建影片剪辑、图形和按钮3种类型的元件。

- 影片剪辑元件：影片剪辑拥有独立于主时间轴的多帧时间轴，在其中可包含交互组件、图形、声音或其他影片剪辑实例。当播放主动画时，影片剪辑元件也会随着主动画循环播放。使用影片剪辑可创建和重用动画片段，也可以将影片剪辑实例放在按钮元件的时间轴内，以创建动画按钮。

- 图形元件：图形元件是制作动画的基本元素之一，用于创建可反复使用的图形或连接到主时间轴的动画片段，可以是静止的图片或由多个帧组成的动画。图形元件与主时间轴同步运行，且交互式控件和声音在图形元件的动画序列中不起作用。

- 按钮元件：在按钮元件中可创建用于响应鼠标单击、滑过或其他动作的交互式按钮，包含弹起、指针经过、按下和点击4种状态。在这4种状态的时间轴中都可以插入影片剪辑来创建动态按钮，也可给按钮添加事件的交互行为，使按钮具有交互功能。

5.1.2　图形与影片剪辑的异同

　　图形与影片剪辑在制作的过程中看似非常相似，并且在实际使用时，也有诸多相似的地方，但这两个元件是完全不同的元件类型，两者异同点可概括如下。

● **相同点**：图形和影片剪辑元件都可以保存图形和动画，并可以嵌套图形或动画片段。

● **不同点**：图形元件比影片剪辑元件小；图形中的动画必须依赖于主场景中的时间帧同步运行，而影片剪辑中的动画则可以独立运行；交互式控件和声音在图形元件中不起作用，在影片剪辑中则起作用；可以将影片剪辑实例放在按钮元件的时间轴内，以创建动画按钮，而图形元件则不行；影片剪辑可以定义实例名称，可以使用ActionScript对影片剪辑进行调用或改编，而图形元件则不能。

5.1.3　创建元件

在Flash中可将舞台中的图形转换为元件，也可先创建一个元件，并在元件中绘制对象。下面讲解如何创建元件，具体操作如下。

（1）启动Flash CS6，新建AS3.0（ActionScript 3.0）文件，按【Ctrl+S】组合键打开"另存为"对话框，以"郊外"为名保存文件。

（2）使用钢笔工具💧绘制天空背景和草地的轮廓，使用颜料桶工具🖊填充渐变色，并关掉该图形的笔触，然后使用渐变变形工具🖼对渐变色进行调整，效果如图5-2所示。

（3）选中绘制的天空图形，选择【修改】/【转换为元件】菜单命令，或按【F8】键，打开"转换为元件"对话框。

（4）在"名称"文本框中输入"天空"文本，在"类型"下拉列表中选择"图形"选项，在"对齐"右侧的图案中单击中间的小方块，使元件的注册点与图形在图形的中心点上对齐，单击 确定 按钮，如图5-3所示。

图5-2　绘制草地

（5）使用相同的方法，选择草地图形，将其转换为"草地"图形元件。单击"属性"面板右侧的"库"面板，切换至"库"面板，在"库"面板的列表中即可看到转换的图形元件，如图5-4所示。

（6）在"库"面板中单击"新建元件"按钮🔲，打开"创建新元件"对话框，在"名称"文本框中输入"云朵"文本，在"类型"下拉列表中选择"影片剪辑"选项，单击 确定 按钮，如图5-5所示。

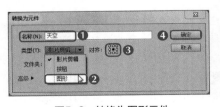

图5-3　转换为图形元件

图5-4　"库"面板

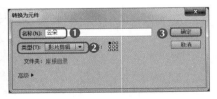

图5-5　新建元件

（7）此时，工作区显示为元件编辑模式，而不是在舞台场景中的文档编辑模式。在此状态下绘制的图形为元件中的元素。在元件编辑模式下使用钢笔工具💧绘制云朵的轮廓，为使其与白色的背景区分开，这里使用颜料桶工具🖊将其填充为"淡蓝色（# CCFFFF）"。

（8）选中绘制的云朵，切换到"属性"面板，在"填充和笔触"栏中关闭笔触。在工作区的编辑栏中单击选择当前场景名称，这里单击"场景1"，返回主场景，如图5-6所示。

其他返回主场景的方法

除了可通过单击选择当前场景名称返回主场景，还可单击"返回"按钮⬅️，或选择【编辑】/【编辑文档】菜单命令，或按【Ctrl+E】组合键返回主场景。

（9）切换到"库"面板，在"库"面板的列表框中，按住"云朵"影片剪辑元件不放，将其拖曳到场景舞台中，此时舞台中出现的图形，即为"云朵"影片剪辑元件的实例。

（10）选中舞台中的"云朵"实例，切换回"属性"面板，在"实例名称"文本框中输入该实例的名称，这里输入"云朵实例"，如图5-7所示。

图5-6　返回主场景

（11）在"滤镜"栏中单击"添加滤镜"按钮🔳，在弹出的下拉菜单中选择"投影"选项，分别设置"云朵实例"的"模糊X"和"模糊Y"均为"8像素"，如图5-8所示。

（12）使用【Ctrl+↓】组合键将"云朵实例"移至"草地"图形的下一层，复制两个"云朵实例"，调整其大小和层叠位置，效果如图5-9所示。

图5-7　设置实例名称

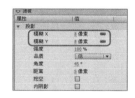

图5-8　添加投影滤镜

图5-9　图形设置效果

5.1.4　元件的编辑操作

对元件的编辑操作除了修改大小、复制和移动等常规的操作外，还包括一些对元件本身进行编辑处理，以及对元件实例进行修改和设置的操作。下面分别介绍元件的编辑操作。

1．编辑元件

在创建了元件之后，除了可以修改元件的类型外，还能对元件的内容进行编辑，如替换其中的图像或添加其他的图像或动画等。对元件进行编辑的方法如下。

- **直接编辑**：选择"库"面板中的元件，单击鼠标右键，在弹出的快捷菜单中选择"编辑"命令，即可在打开的窗口中对元件进行编辑。
- **在当前位置编辑**：如果将创建的元件使用于场景中，则可在场景中使用鼠标左键双击该元件，或在该元件上单击鼠标右键，在弹出的快捷菜单中选择"在当前位置编辑"命令，即可在场景的当前位置进行编辑。在这种编辑模式下，可以看见背景及编辑后元件在场景中的显示状态。

2．交换元件

交换元件是指将元件应用于场景后，将场景中的元件实例通过交换元件的方式替换为其他的元件，操作方法是：选择元件，单击鼠标右键，在弹出的快捷菜单中选择"交换原件"命令，打开"交换元件"对话框，然后在其中选择其他的元件，最后单击 确定 按钮，完成元件的交换。

3．设置元件的色彩效果

在实例的"属性"面板的"色彩效果"栏中包含了一个"样式"下拉列表框，通过选择该列表框的不同选项，可方便地修改实例的色彩，操作方法是：选择一个元件，打开"属性"面板，在"色彩效果"栏的"样式"下拉列表框中选择一个选项，然后拖动该选项的滑块，设置其对相应的参数即可，图5-10所示为设置高级样式的参数。

图5-10　设置高级样式

4．设置混合模式

混合也是元件实例的一种属性，混合模式是一种复合对象，通常用于两个或两个以上的对象在重叠时所呈现的效果。这也是使元件变得更丰富的一种常用的方法。

对元件实例使用混合模式的操作很简单，只需要选择实例后，在"属性"面板的"显示"栏中，通过选择"混合"下拉列表框中不同的选项便可实现，并且这个过程不需要设置数值。在"混合"下拉列表框中包含了多种不同的混合模式，如图5-11所示。

使用混合模式，不仅会因为选择的混合模式不同而得到不同的效果，同时会根据所叠加对象的颜色不同，产生不同的混合效果。图5-12所示为对热气球分别使用了不同的混合模式所产生的不同效果，其中，最右侧的两个同样是叠加效果，却因为背景不同而效果不同。

图5-11　多种混合模式

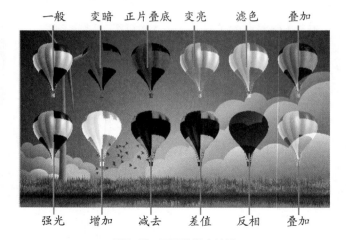

图5-12　不同的混合效果

不同的混合模式，效果自然都不相同，下面分别对其进行介绍。

- 一般：表示使用混合模式，为原始的状态。
- 图层：可以层叠各个影片剪辑，而且不影响其颜色。
- 变暗：将实例中颜色相对背景较亮的部分进行替换，而对较暗的部分则不改变。
- 正片叠底：去除实例中白色的部分，使纯白色变为透明，黑色则为不透明，若是灰白色则为半透明。
- 变亮：与变暗相反，将实例中颜色相对背景较暗的部分进行替换，对较亮的部分则不改变。
- 滤色：与正片叠底相反，是去除黑色的部分，使纯黑色变为透明，白色则为不透明，灰白色则为半透明。
- 叠加：可以复合或过滤颜色，其结果取决于所叠加部分的颜色。

- 强光：作用效果如同是覆盖了一层色调强烈的光，根据实例中不同区域的亮度值，其结果也有所不同。
- 增加：将实例中的颜色的值与背景图像中颜色的值进行相加处理，通常会使图像变得更亮。
- 减去：将实例中的颜色的值与背景图像颜色值进行相减处理，通常会使图像变暗。
- 差值：使用差值，根据实例的颜色和背景的颜色，用较亮的部分减去较暗的部分，其结果为暗色区域将保留下面的颜色，而白色的区域则会反转下面的颜色。
- 反相：反相模式是使用实例图像反转背景图像，使背景图像的颜色进行反转显示，类似与以前彩色照片的底片。
- Alpha：使实例变得透明。
- 擦除：可以删除所有基准颜色像素，包括背景中的基准颜色像素。

5.1.5　认识"库"面板

在Flash CS6中，"库"面板主要用于存放从外部导入的素材和管理储存元件。当需要某个素材或元件时，可直接从"库"面板中调用。选择【窗口】/【库】菜单命令，按【Ctrl+L】键或按【F11】键均可打开"库"面板。

图5-13所示为"库"面板，其中的参数介绍如下。

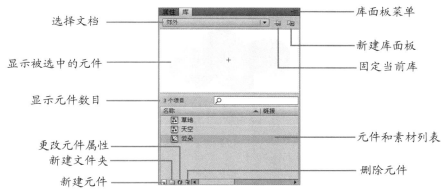

图5-13　"库"面板

- 选择文档：若在Flash中打开了多个文档，在"库"面板中可选择这些不同的文档，在其下的列表框中可显示不同文档中的元件和素材。
- "新建元件"按钮：单击可新建元件。
- "新建文件夹"按钮：当"库"面板中存在很多素材和元件时，可单击该按钮，在"库"面板中新建文件夹，将同一类型的元素和元件放置在同一文件夹中，从而实现对素材和元件的管理。
- "属性"按钮：在"库"面板中选中需要更改属性的元件，然后单击该按钮打开"元件属性"对话框，在其中可更改元件的名称和类型等属性。
- "删除"按钮：在"库"面板中选中需要删除的元件，单击该按钮，或按【Delete】键即可将所选元件删除。
- "固定当前库"按钮：固定当前库后，可切换到其他文档，然后将固定库中的元件，引用到其他文档中。单击该按钮后，按钮会变为形状。
- "新建库面板"按钮：单击该按钮可新建一个"库"面板，且该新建的面板中将包含当前"库"面板中的所有素材和元件。

在Flash CS6中还自带公用库，在其中可选择使用预设的元件，选择【窗口】/【公用库】菜单命令，在其子菜单中即可选择Buttons（按钮）、Classes（类）和Sounds（声音）这3种不同类型的元件，图5-14所示为按钮库面板。

除此之外，还可调用其他文档中的元件。选择【文件】/【导入】/【打开外部库】菜单命令，在打开的"作为库打开"对话框中选择需要的文档，即可将该文档中的元件导入到当前文档的"库"面板中，如图5-15所示。

图5-14　按钮库面板

图5-15　导入外部库

5.1.6　导入位图

在Flash CS6中还可导入外部的图片文件，从而节省文档制作的时间。下面讲解如何在Flash中导入和使用位图，具体操作如下。

（1）选择【文件】/【导入】/【导入到舞台】菜单命令，打开"导入"对话框，打开素材文件夹中的"花.png"文件，此时在舞台和"库"面板中均出现了导入的位图素材，如图5-16所示。

（2）在舞台中选中导入的"花.png"图片，将其拖动到合适的位置。

（3）在舞台中复制该图形，通过【修改】/【变形】/【水平翻转】菜单命令和【修改】/【变形】/【任意变形】菜单命令，更改复制图形的大小和方向。多复制几次，并调节方向和大小，效果如图5-17所示。

（4）选择【文件】/【导入】/【导入到库】菜单命令，在打开的"导入"对话框中选择"花2.png"图片，将图片导入到"库"面板中。

（5）在"库"面板中单击"花2.png"图片不放，将其拖曳到舞台中，对其进行复制，并设置图形的大小和位置，结果如图5-18所示。

微课视频

导入位图

图5-16　导入素材文件

图5-17　设置导入的"花.png"图片

图5-18　设置和调整导入的位图图片

5.1.7　导入PSD文件

PSD文件是指使用Photoshop制作的文件，Flash CS6可以导入这类文件，并保留大部分图片数据。

1．首选参数

选择【编辑】/【首选参数】菜单命令，打开"首选参数"对话框，在"类别"列表框中选择"PSD文件导入器"选项，在其右侧的"常规"面板中可设置PSD文件导入到Flash的方式，包括指定导入的PSD文件中的对象，或将文件转换为影片剪辑元件等，如图5-19所示。

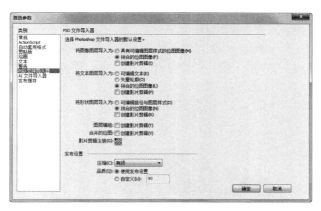

图5-19　"首选参数"对话框

2．导入文件

下面介绍Flash中导入已制作好的PSD文件的方法，具体操作如下。

（1）选择【文件】/【导入】/【导入到库】菜单命令，打开"导入到库"对话框，在素材文件夹中选择"树.psd"文件，单击 打开(O) 按钮，如图5-20所示，打开"将'树.psd'导入到库"对话框。

（2）在对话框的"检查要导入的Photoshop图层"列表框中选择要导入的图层，这里单击选中"树叶"和"树杆"选项前的复选框，单击 确定 按钮，如图5-21所示。

微课视频

导入文件

图5-20　选择PSD文件　　　　　　图5-21　选择需要导入的图层文件

（3）在"库"面板中将自动生成一个"树.psd 资源"文件夹和"树.psd"图形元件，如图5-22所示，单击"树.psd 资源"文件夹，在展开的子列表中可看到分层的图片。

（4）在"库"面板中按住"树.psd"图形元件不放，将其拖曳到舞台中，调整其大小和位置，按【Ctrl+↓】

图5-22　"库"面板中导入的PSD文件

组合键，调整其层叠位置，效果如图5-23所示。

（5）使用相同的方法，将素材文件夹中的"太阳.psd"和"幸运草.psd"文件导入"库"面板中。

（6）在"库"面板中使用鼠标左键双击"幸运草.psd"图形元件，进入元件编辑模式，在其中复制幸运草图形，调整复制图形的大小和旋转，如图5-24所示。

（7）单击"返回"按钮，返回文档编辑状态，将"库"面板中的"幸运草.psd"图形元件拖曳到舞台中，调整其大小和位置。

（8）选中舞台中的幸运草实例，切换到"属性"面板，在"色彩效果"栏的"样式"下拉列表中选择"色调"选项，保持右侧的着色"白色"不变，拖动"色调"控件，将着色量设置为"45%"，如图5-25所示。

（9）在"库"面板中将"太阳.psd"图形元件拖曳到舞台中，调整其大小和位置，最终效果如图5-26所示。

图5-23　添加元件　　　图5-24　编辑元件　　　图5-25　改变实例颜色　　　图5-26　最终效果

5.1.8　导入AI文件

在Flash中除了可导入PSD文件，还可导入AI文件。在Flash CS6的首选参数中不仅包含"PSD文件导入器"，还包含"AI文件导入器"，其作用同PSD的导入器相同，用于指定AI文件导入到Flash中的方式。下面介绍在文档中导入AI素材文件的方法，具体操作如下。

微课视频
导入 AI 文件

（1）选择【文件】/【导入】/【导入到库】菜单命令，打开"导入到库"对话框，选择素材文件夹中的"房子.ai"文件，然后单击"打开(O)"按钮，打开"将'房子.ai'导入到库"对话框。

（2）在"检查要导入的 Illustrator 图层"列表框中，选中需要导入的图层。打开时已默认选择了所有图层，撤销选中"<Compound path>"前的复选框，其余选项保持默认不变。

（3）在"检查要导入的 Illustrator 图层"列表框中单击选中"图层1"前的复选框，在其右侧的"'图层1'的图层导入选项"栏中单击选中"创建影片剪辑(M)"复选框，在"实例名称"文本框中输入"房子"文本，单击"注册"选项右侧的中心点，单击"确定"按钮，如图5-27所示。

（4）在"库"面板中单击"房子.ai 资源"文件夹前的按钮，将其展开，再展开其下的"图层1"文件夹，将其中的"房子"影片剪辑元件拖曳到舞台中。

（5）在舞台中选择房子图形，在"属性"面板中将实例名称更改为"房子实例"，调整其大小和位置，并按【Ctrl+↓】组合键调整其层叠位置，最终效果如图5-28所示。

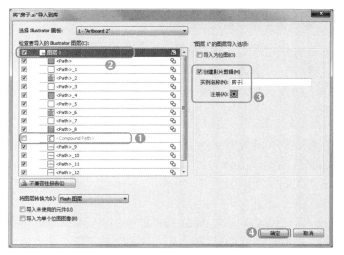

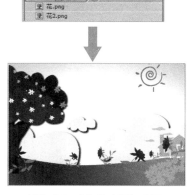

图5-27 导入AI文件　　　　　　　　　　　　　　图5-28 在舞台中添加房子

5.1.9 将位图转换为矢量图

微课视频

将位图转换为矢量图

有些位图在导入Flash后，进行大幅度的放大操作将出现锯齿现象，影响文档的整体效果。Flash提供了将位图转换为矢量图的功能，方便对图形进行更改。下面介绍在Flash中导入位图，并将其转换为矢量图的方法，具体操作如下。

（1）选择【文件】/【导入】/【导入到舞台】菜单命令，导入"蝴蝶.jpg"位图文件。

（2）选中导入的蝴蝶图形，选择【修改】/【位图】/【转换位图为矢量图】菜单命令，打开"转换位图为矢量图"对话框。

（3）在"颜色阈值"数值框中输入"20"，在"最小区域"数值框中输入"8"，其他项保持默认值，单击　确定　按钮，即可将位图转换为矢量图，如图5-29所示。

（4）按【V】键将鼠标指针切换为选择工具█，单击蝴蝶图形外侧的白色背景，在白色背景上即可出现黑色的像素点，表示已单独选中作为背景的白色区域，按【Delete】键即可删除蝴蝶图层的白色背景，如图5-30所示。

（5）单击并拖曳鼠标框选蝴蝶图形，按【Ctrl+G】组合键将图形中的各个矢量色块组合成一个整体，调整图形的大小和位置，再复制一个蝴蝶图形，放置在合适位置，效果如图5-31所示，最后按【Ctrl+S】组合键保存文档即可。

图5-29 将位图转换为矢量图

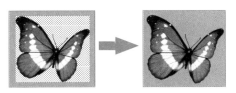

图5-30 删除白色背景

图5-31 放置蝴蝶素材

创建最接近原始位图的矢量图形

将"颜色阈值"设置为"10"，"最小区域"设置为"1像素"，"角阈值"设置为"较多转角"，"曲线拟合"设置为"像素"，可创建最接近原始位图的矢量图形。转换为矢量图后的图形将不再链接到"库"面板中的位图元件。

一般情况下，位图转换为矢量图形后，可减小文件的大小，但若导入的位图包含复杂的形状和许多颜色，转换后的矢量图形的文件可能比原始的位图文件大，用户可调整对话框中的各个参数，找到文件大小和图像品质之间的平衡点。

下面介绍"转换位图为矢量图"中的各个参数。

● **颜色阈值**：当两个像素进行比较后，如果它们在 RGB 颜色值上的差异低于该颜色阈值，则认为这两个像素颜色相同。如果增大了该阈值，则意味着降低了颜色的数量。

● **最小区域**：可设置为某个像素指定颜色时需要考虑的周围像素的数量。

● **角阈值**：选择一个选项来确定保留锐边还是进行平滑处理。

● **曲线拟合**：选择一个选项来确定绘制轮廓所用的平滑程。

5.1.10　Flash支持的文件格式

不同的应用程序创建的文件格式也不同，不同的文件格式通过不同的扩展名来区分，如BMP、TIFF、JPG和EPS等。这些扩展名会在文件以相应格式存储时自动出现在文件名后。Flash中常用的文件格式有以下9种。

● **FLA格式**：该格式为Flash默认生成的文件格式，并且只能在Flash中打开。Flash经过长期的发展，版本性能在不断提升，越高版本的Flash保存的FLA文件，在低版本的Flash中越不易被打开。

● **SWF格式**：使用Flash制作的动画就是SWF格式。SWF格式的动画图像能够用比较小的体积来表现丰富的多媒体形式。由于SWF动画支持边下载边播放，因此特别适合网络传输，且其在矢量技术的基础上制作，画质也不会因画面的放大而受损。SWF文件具有高清晰度的画质和小巧的体积，已成为网页动画和网页设计的主流。

● **PSD格式**：是Photoshop生成的文件格式，也是唯一可以存储Photoshop特有文件信息，以及所有色彩模式的格式。PSD格式可以将不同的对象以图层分离储存，便于修改和制作各种特效。

● **AI格式**：是Illustrator生成的文件格式，目前AI和PSD格式的图像都已得到了Flash的支持，可以导入到Flash中进行编辑。

● **BMP格式**：是Microsoft公司Windows操作系统下专用的图像格式，可以选择Windows或OS/2两种格式。

● **GIF格式**：是Compuserve公司制定的一种图形交换格式。这种经过压缩的格式在通信传输时较为方便。它所使用的LZW压缩方式，可以将文件的大小压缩一半，而且解压时间较短。目前，GIF格式只能达到256色，但它的GIF89a格式能将图像存储为背景透明化的形式，并且可以将数张图存为一个文件，形成动画效果。

● **EPS格式**：是一种应用非常广泛的Postscript格式，常用于绘图和排版。用EPS格式存储图形文件时可通过对话框设定存储的各种参数。

- **JPG格式**：是一种高效的压缩图像文件格式。在存档时能够将人眼无法分辨的资料删除，以节省储存空间，但被删除的资料无法在解压时还原，所以低分辨率的JPG文件并不适合放大观看，输出成印刷品时品质也会受到影响。这种类型的压缩，称为"失真压缩"或"破坏性压缩"。
- **PNG格式**：PNG是一种新兴的网络图像格式，是目前最不失真的格式。它吸取了GIF和JPG二者的优点，兼有GIF和JPG的色彩模式，不仅能把图像文件压缩到极限以利于网络传输，还能保留所有与图像品质有关的信息。这一点与牺牲品质以换取高压缩率的JPG格式不同。PNG支持透明图像的制作，但不支持动画。

导入其他类型的文件素材的注意事项

① 为了将PSD或AI中的高斯模糊、内发光等特效保留为可编辑的Flash滤镜，应将这些特效的对象导入为影片剪辑元件，否则Flash会出现不兼容警告，并建议将该对象导入为影片剪辑元件；② 由于Flash只支持RGB颜色，若导入的文件使用的是CMYK颜色，则会出现不兼容性报告，在此状态下导入的文件将以RGB颜色显示。读者也可在Illustrator中将文件的颜色更改为RGB后再导入。

5.2 课堂案例：制作卡通跳跃动画

本例将制作"卡通跳跃"动画，制作时首先应导入卡通背景，该背景需与卡通的主题相呼应，然后导入卡通图像，既然是卡通跳跃，因此需要为其制作动画，分别将卡通素材转换为元件，再编辑元件，通过关键帧让其一直在舞台中呈现跳跃的效果。本例完成后的参考效果如图5-32所示。

素材所在位置 素材文件\第5章\课堂案例\跳跃\
效果所在位置 效果文件\第5章\课堂案例\卡通跳跃.fla

扫一扫

卡通跳跃动画效果

图5-32 卡通跳跃动画最终效果

5.2.1 编辑实例

创建元件之后，可以在动画文档（包括在其他元件内）中创建该元件的实例。每个元件实例都各有独立于该元件的属性，可以更改实例的色调、透明度和亮度，重新定义实例的行为（如把图形元件更改为影片剪辑元件），并可以设置动画在图形实例内的播放形式。也可以倾斜、旋转或缩放实例，这并不会影响元件。此外，可以给影片剪辑或按钮实例命名，这样就可以使用 ActionScript 更改其属性。3种类型的元件实例有共同的属性，也有各自独有的属性。在实例的"属性"面板中可以对实例的属性进行编辑。

1．打开实例

要编辑实例必须先打开实例，打开实例的方法很简单。用户只需在"库"面板中双击需要编辑的实例，即可打开与之对应的元件编辑窗口。

2．编辑位置和大小

3种元件实例都具有位置和大小属性，其中，位置是指实例在舞台上的x轴和y轴的坐标，大小是指实例的宽和高。编辑实例的位置及其大小对于动画元素的细节调整有很大作用。选择实例后，再选择【窗口】/【属性】菜单命令，在打开的"属性"面板中可以精确地编辑实例的位置和大小。下面讲解编辑实例大小和位置的方法。

- 设置元件位置：可以在舞台上拖动实例定义其位置，也可以在"属性"面板中精确定义实例的位置。
- 设置元件大小：可以在舞台上拖动实例边缘定义其大小，也可以在"属性"面板中精确定义实例的宽、高。

3．循环

循环是图形元件特有的属性，决定如何播放Flash中图形实例内的动画序列。动画图形元件是与放置该元件的文档的时间轴联系在一起的，因为动画图形元件使用与主文档相同的时间轴，所以在文档编辑模式下会显示它们的动画。

在舞台上选择图形实例，在"属性"面板的"循环"栏的"选项"下拉列表框中可选择循环方式，各方式的作用如下。

- 循环：循环用于按照当前实例占用的帧数来循环包含在该实例中的所有动画序列，直到主时间轴播放到最后一帧。
- 播放一次：播放一次用于控制从指定帧开始播放动画序列直到动画结束，然后停止。可以在文本框中输入数字指定动画从第几帧开始播放。
- 单帧：单帧用于控制显示动画序列中指定的某一帧。在该模式下实例相当于静态图形元件。

4．复制元件实例

复制元件实例也是快速制作动画的一个技巧。通过复制元件实例，用户可以以某个元件为雏形快速制作出相似的元件实例。这种方法在制作花朵飘散效果时经常使用。复制元件实例主要有以下两种方法。

- 通过"库"面板：在"库"面板中选择需要复制的元件名称，单击鼠标右键，在弹出的快捷菜单中选择"直接复制"命令。
- 通过菜单面板：在舞台中选择需要复制的元件，选择【修改】/【元件】/【直接复制元件】菜单命令。

5．更改元件类型

前面已经讲解到了不同的元件所使用的范围有所不同，若用户需要将一个元件应用于另一个领域，并不需要重新创建元件，只需更改该元件的类型即可。更改元件类型主要有以下两种方法。

● 通过"属性"面板更改：在舞台上选择实例，"属性"面板中的"实例行为"下拉列表框中选择更改元件类型。

● 通过"库"面板更改：在"库"面板中选择元件，单击左下角的⬛按钮，在打开的"元件属性"对话框中更改元件类型。

5.2.2　制作跳跃动画

微课视频

制作跳跃动画

下面将导入素材，然后将其转换为元件并制作跳跃效果，具体操作如下。

（1）选择【文件】/【新建】命令，打开"新建文档"对话框，在其中设置"宽""高""背景颜色"分别为"944像素""600像素""#FFCC99"，单击 确定 按钮，如图5-33所示。

（2）将"跳跃背景.png"图像导入到舞台中。在导入的图像上单击鼠标右键，在弹出的快捷菜单中选择"排列"命令，在其子菜单中选择"锁定"命令，如图5-34所示。

图5-33　新建文档

图5-34　锁定背景

知识提示

锁定背景

　　为了不影响后面的操作，这里在导入背景后，就需要锁定背景。这也是动画制作时常用的技巧之一。

（3）打开"导入"对话框，导入"卡通1.png""卡通2.png""卡通3.png"图形。使用任意变形工具调整图像大小，并将其放置在舞台底部，如图5-35所示。

（4）选择舞台最左边的卡通形象，再选择【插入】/【转换为元件】菜单命令，打开"转化为元件"对话框，在其中设置"名称""类型"分别为"卡通1""影片剪辑"，单击 确定 按钮，如图5-36所示。

（5）在"库"面板中双击"卡通1"元件，进入元件编辑窗口。按两次【F6】键，创建两个关键帧。选择对象，在键盘上按15次【↑】键，将图像向上移动，制作向上跳跃的动作，如图5-37所示。

图5-35　导入素材

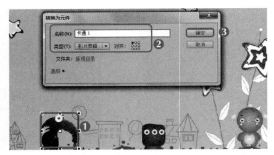

图5-36　将图像转换为元件

补间动画的使用

　　　　使用补间动画能得到更加自然的跳跃运动效果。在补间动画中插入不同的关键帧是为了使跳跃的动作有变化，这样能使动画看起来更加真实，补间动画的制作将在后面的章节中进行介绍。

（6）按4次【F6】键，创建4个关键帧。选择对象，在键盘上按15次【↑】键，将图像向上移动，制作向上跳跃的动作，如图5-38所示。

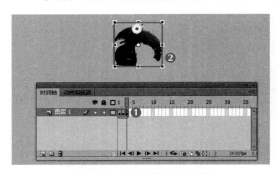

图5-37　编辑"卡通1"元件

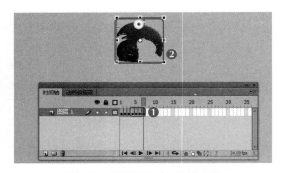

图5-38　继续编辑"卡通1"元件

（7）按6次【F6】键，创建6个关键帧。选择对象，在键盘上按10次【↓】键，将图像向下移动，制作下落的动作，如图5-39所示。

（8）按4次【F6】键，创建4个关键帧。选择对象在键盘上按20次【↓】键，将图像向下移动。制作下落的动作，如图5-40所示。

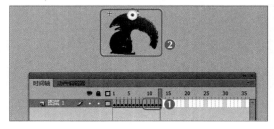

图5-39　制作下落效果

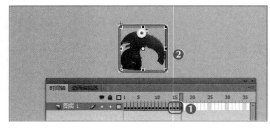

图5-40　继续制作下落效果

（9）在舞台中选择中间的卡通形象，按【F8】键，打开"转换为元件"对话框，在其中设置"名称""类型"分别为"卡通2""影片剪辑"，单击 确定 按钮，如图5-41所示。

（10）按4次【F6】键，创建4个关键帧。选择对象，在键盘上按10次【↑】键，将图像向上移动。制作向上跳跃的动作，按8次【F6】键，创建8个关键帧。选择对象，在键盘上按20次【↑】键，将图像向上移动，制作向上跳跃的动作，如图5-42所示。

图5-41　新建"卡通2"元件

图5-42　制作跳起运动

（11）按6次【F6】键，创建6个关键帧。选择对象，在键盘上按15次【↓】键，将图像向下移动，制作下落效果。按6次【F6】键，创建6个关键帧。选择对象，在键盘上按15次【↓】键，将图像向下移动，制作下落效果，如图5-43所示。

（12）单击"编辑栏"中的"场景1"名称返回主场景。在舞台中选择最右边的卡通形象。按【F8】键，打开"转换为元件"对话框，在其中设置"名称""类型"分别为"卡通3""影片剪辑"，单击 确定 按钮，如图5-44所示。

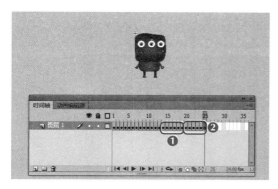

图5-43　制作下落效果

图5-44　制作"卡通3"元件

（13）按8次【F6】键，创建8个关键帧。选择对象，在键盘上按15次【↑】键，将图像向上移动，制作向上跳跃的动作。按5次【F6】键，创建5个关键帧。选择对象，在键盘上按20次【↑】键，将图像向上移动，制作向上跳跃的动作，如图5-45所示。

（14）按3次【F6】键，创建3个关键帧。选择对象，在键盘上按5次【↓】键，将图像向下移动，制作下落效果。按8次【F6】键，创建6个关键帧。选择对象，在键盘上按10次【↓】键，将图像向下移动，制作下落效果。按3次【F6】键，创建3个关键帧。选择对象，在键盘上按20次【↓】键，将图像向下移动，制作下落效果。按【Ctrl+Enter】组合键，浏览动画效果，如图5-46所示。

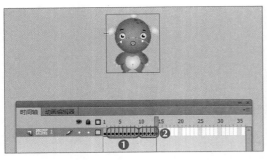
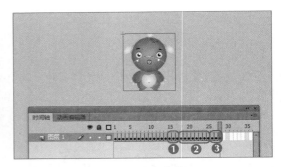

图5-45　制作跳起效果　　　　　　　　图5-46　制作下落效果

5.3　项目实训

5.3.1　合成"蘑菇森林"场景

1．实训目标

本实训的目标是合成"蘑菇森林"场景。合成就是将很多素材组合到一起构成一幅新的作品。在合成过程中最先做的应该是添加背景，确定了背景后，再根据背景来添加素材，主要运用的知识是添加各种素材的方法，即将不同的素材格式导入库中的方法。导入完成后根据场景对素材进行组合。本实训完成后的效果如图5-47所示。

素材所在位置　素材文件\第5章\项目实训\蘑菇森林\
效果所在位置　效果文件\第5章\项目实训\蘑菇森林.fla

微课视频

合成"蘑菇森林"场景

图5-47　蘑菇森林合成效果

2．专业背景

在动画设计中经常需要设计场景，每一幅场景的绘制都需要注意多方面的问题，比如近景、远景、景物的层叠、光线的明暗，以及画面的整体协调性。

由于Flash不是专业的绘图软件，在绘制图形方面要比Photoshop等其他绘图软件略逊一筹，所以在使用Flash制作视频短片等文件时，经常需要在其他软件中将需要的效果绘制完成后，再导入Flash的"库"面板中进行使用。

3．操作思路

完成本实训主要包括导入外部的素材文件、在舞台中编辑素材文件和组合调整添加的素材文件等三步操作，操作思路如图5-48所示。

① 添加背景图片　　　　② 添加蘑菇素材　　　　③ 添加草叶素材

图5-48　"蘑菇森林"场景的制作思路

【步骤提示】

（1）新建文档，将素材文件夹中的素材文件导入"库"面板中。

（2）将"森林.png"素材图像拖曳到舞台中，并调整其大小与舞台的大小相同，然后再将"蘑菇.png"和"蘑菇.psd"素材图像拖曳到舞台中，复制并调整图形的大小。

（3）调整蘑菇图形的层叠位置，选中下层的蘑菇图形，在其"属性"面板的"色彩效果"栏的"样式"下拉列表中选择"亮度"选项，在其下的"亮度"控件中单击滑块向左拖动，将亮度调暗。

（4）依次调整蘑菇图形的明暗，选中所有的蘑菇图形，将其组合成一个整体。

（5）将"库"面板中的"草.png"拖曳到舞台中，复制并调整草的大小，使其呈现出草丛的效果，然后选中草丛图形，并组合草丛图形，最后进行保存即可。

5.3.2　制作度假村海报

1．实训目标

海报需要以文字和图片来表达其主题，制作过程中，首先将导入素材。素材是海报的主要部分，在制作时，需要注意其摆放的位置和大小。然后输入文字，为文字设置样式和滤镜等效果，使海报更具吸引力。本实训完成后的参考效果如图5-49所示。

图5-49　度假村海报

微课视频

制作度假村海报

素材所在位置	素材文件\第5章\项目实训\度假村\
效果所在位置	效果文件\第5章\项目实训\度假村海报.fla

2．专业背景

海报是广告的一种，向广大群众报道或介绍一些需要传播的内容，具有向群众介绍某一物体和事件的特性。使用Flash制作广告，是最常用的方法之一。除了常见的动画式广告外，一些常见的DM（Direct Mail，快讯商店广告）单页的静态广告或者海报也可以利用Flash制作。海报具有以下特点。

● **宣传性**：海报是广告的一种。海报可以在媒体上刊登、播放，但大部分是张贴于人们易见到的地方，其广告的色彩性极其浓厚。

● **商业性**：海报是为某项活动作的前期广告和宣传，其目的是让人们参与其中。演出类海报占海报中的大部分，而演出类广告又往往着眼于商业性目的。当然，学术报告类的海报一般是不具有商业性的。

3．操作思路

完成本实训首先应导入素材，然后将素材拖动至舞台中，再输入文字，并为文字设置样式，然后为素材和文字添加滤镜，操作思路如图5-50所示。

① 导入素材　　　　　　　② 输入文字　　　　　　　③ 添加滤镜

图5-50　度假村海报的操作思路

【步骤提示】

（1）新建"400×600"像素的空白文档，导入素材。

（2）创建一个背景元件的实例，新建"图层2"，将"座椅"元件拖曳至场景中。

（3）导入"剪影.psd"文档中的"头像"图层，选择导入的"头像"，打开"变形"面板，将该头像的大小设置为"20%"，并移动至场景的左上角。

（4）新建"图层4"，选择文本工具**T**，在"属性"栏中设置字体"系列""大小""颜色"分别为"方正琥珀简体""25""#FF0000"的传统水平文本，最后输入文本。

（5）继续使用文本工具**T**，将字体"系列""大小""颜色"设置为"汉仪雪峰体简""6""#FFFF00"的传统水平文本，在场景中输入"圣菲"文本。

（6）将字体"系列""大小""颜色"设置为"黑体""17""白色"的传统垂直文本，在场景中输入"度假村"文本，最后调整各行文字的位置。

（7）选择场景中的"头像"，将元件转换为"头像"影片剪辑元件。转换"文字"元件，将"头像"实例的混合模式设置为"叠加"。

（8）选择"文字"元件，添加一个"模糊"为"12"、"强度"为"400%"、"品质"为"高"，"角度"为"45°"的"投影"滤镜，将"文字"实例的混合模式设置为"叠加"。

5.4 课后练习

本章主要介绍了外部素材的使用，包括对元件和库面板的认识、如何创建元件、导入位图、导入PSD文件、导入AI文件、将位图转换为矢量图及视频文件的导入和编辑。对于本章的内容，读者应认真学习并掌握，以便为后面动画的制作打下基础。

练习1：制作荷塘动画

本练习要求制作荷塘动画。制作时，首先添加素材，因为通过素材才能体现荷塘的主题，才能让荷塘体现诗意的画面，所以，在制作时，可使用文本工具输入描写荷花的诗，以文本和素材结合的方式，使画面更加富有韵味，制作后的效果如图5-51所示。

素材所在位置 素材文件\第5章\课后练习\荷塘.png、蜻蜓.fla
效果所在位置 效果文件\第5章\课后练习\荷塘.fla

微课视频

制作荷塘动画

图5-51 "荷塘"效果

操作要求如下。

● 新建文档，使用矩形工具绘制一个背景图形，填充渐变色，并使用渐变调整工具调整渐变色，导入"荷塘.png"图片，将其拖曳到舞台中。

● 选择【文件】/【导入】/【导入外部库】菜单命令，导入素材文件夹中"蜻蜓.fla"文件中的库内容，并将蜻蜓影片剪辑文件拖曳到舞台中，然后使用椭圆工具绘制水纹效果，将蜻蜓的层叠位置调整到水纹之上。

● 使用文本工具，将文本方向更改为垂直，输入文本，并设置字体、字号和颜色，最后保存文件。

练习2：制作万圣节贺卡

本练习要制作万圣节贺卡。万圣节的标志是南瓜和鬼脸，因此可先导入与主题相关的素材，然后新建并编辑元件。既然是贺卡，当然得有祝福语，制作时可将字体设置为较萌的字体，使其符合主题，参考效果如图5-52所示。

微课视频

制作万圣节贺卡

图5-52 万圣节贺卡

素材所在位置 素材文件\第5章\课后练习\万圣节贺卡\
效果所在位置 效果文件\第5章\课后练习\万圣节贺卡.fla

操作要求如下。

● 新建一个1000×613像素的文档。将"贺卡背景.png"图像导入到舞台中。

● 导入素材，将其转换为元件，并设置其位置和大小。

● 新建"元件1"，输入文字"万圣节快乐！"，设置字体为"汉仪雁翎体简"，大小为"45"，颜色为黑色，将元件拖动到舞台中，按【F6】键插入关键帧，创建补间动画。

● 新建"元件2"，并输入文字"不给糖果就捣蛋"，设置字体为"汉仪娃娃篆简"，大小为"34"，颜色为白色，将元件拖动到舞台中，按【F6】键插入关键帧，创建补间动画。

5.5 技巧提升

1. 如何使用位图填充图形

在Flash中经常需要使用其他软件制作的文件。对于不同格式的图片及其特性，读者应当熟练掌握并予以应用，以便能高效地制作出令人满意的作品。

使用位图填充图形的方法为：将位图文件导入到Flash的"库"面板中，并将其拖曳到舞台中。使用选择工具选中舞台中的位图文件，按【Ctrl+B】组合键将其分离。使用椭圆工具，在舞台空白处绘制一个椭圆形，如图5-53所示。在工具箱中选择滴管工具，将鼠标指针移至打散的位图上，当其变为形状时，在打散的位图上单击鼠标左键汲取位图。在绘制的圆形上单击鼠标左键即可填充位图，效果如图5-54所示。

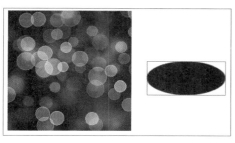

图5-53　打散位图并绘制椭圆　　　　　　　　　图5-54　填充位图

2．如何对图片素材进行修改

　　Flash本身对位图素材的编辑操作比较有限，如果对Photoshop软件熟悉的用户，则可以使用Photoshop对位图图像进行处理。在Flash软件中，如果需要对位图素材进行编辑，可以在"库"面板中或场景中选择位图素材，然后单击鼠标右键，在弹出的快捷菜单中选择"使用Adobe Photoshop CS6编辑"命令，即可启动Photoshop，并打开所选择的位图图像。当在Photoshop中处理完位图后，直接保存该位图，Flash中所对应的位图也会随之改变。

CHAPTER 6

第6章
制作基础动画

情景导入

前段时间米拉的工作基本上是图形和文字等静态对象的编辑制作，涉及动态动画的制作部分较少，老洪决定从现在开始带领米拉学习Flash动画的制作。

学习目标

● 掌握"开花"动画的制作方法

　　如认识时间轴中的图层、认识时间轴中的帧、制作逐帧动画等知识。

● 掌握"跳动的小球"动画的制作方法

　　如掌握动作补间动画、形状补间动画、传统补间动画的制作方法等。

案例展示

▲制作"开花"逐帧动画

▲制作"跳动的小球"片头补间动画

6.1 课堂案例：制作"开花"逐帧动画

老洪交给米拉一个新任务，要求米拉在Flash中制作一朵花盛开的动画，并提供了花朵盛开的序列图片。要完成该任务，首先需要了解Flash中图层和帧的基本操作，然后将序列图片导入到库中。逐帧动画是由一帧一帧的图像组合而成，因此在制作时，需要将素材图像导入到舞台，使其形成连贯的动画。本例完成后的效果如图6-1所示。

 素材所在位置 素材文件\第6章\课堂案例\百合花开\
效果所在位置 效果文件\第6章\课堂案例\花开.fla

图6-1 "花开"最终效果

6.1.1 认识时间轴中的图层

在Flash中制作动画经常需要把动画对象放置在不同的图层中以便操作。若把动画对象全部放置在一个图层中，不仅不方便操作，还会显得杂乱无章。

Flash中的每个图层都相当于一张透明的纸，在每张纸上放置需要的动画对象，再将这些纸重叠，即可得到整个动画场景。每个图层都有一个独立的时间轴，在编辑和修改某一图层中的内容时，其他图层不会受到影响。

1．图层区

把动画元素分散到不同的图层中，然后对各个图层中的元素进行编辑和管理，可有效地提高工作效率，Flash CS6中的图层区如图6-2所示。

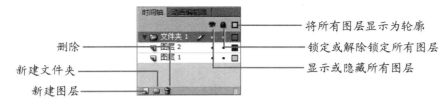

图6-2 图层区

图层区中各功能按钮介绍如下。

● "显示或隐藏所有图层"按钮👁：该按钮用于隐藏或显示所有图层，单击按钮即可在隐藏和显示状态之间进行切换。单击该按钮下方的█图标可隐藏对应的图层，图层隐藏后该位置上的图标变为✕。

● "锁定或解除锁定所有图层"按钮🔒：该按钮用于锁定所有图层，防止用户对图层中的对象进行误操作，再次单击该按钮可解锁图层。单击该按钮下方的●图标可锁定对应的图层，锁定后█图标会变为█图标。

- "将所有图层显示为轮廓"按钮█：单击该按钮可用图层的线框模式显示所有图层中的内容，单击该按钮下方的█图标，将以线框模式显示该图标对应图层中的内容。
- "新建图层"按钮█：单击该按钮可新建一个普通图层。
- "新建文件夹"按钮█：单击该按钮可新建图层文件夹，常用于管理图层。
- "删除"按钮█：单击该按钮可删除选中的图层。

2．图层的类型

在Flash CS6中，根据图层的功能和用途，可将图层分为普通图层、引导层、遮罩层和被遮罩层等4种，如图6-3所示。

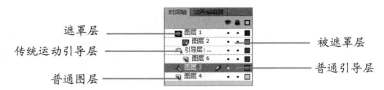

图6-3　图层的分类

- 普通图层：普通图层是Flash CS6中最常见的图层，主要用于放置动画中所需的动画元素。
- 引导层：在引导层中可绘制动画对象的运动路径，然后在引导层与普通图层建立链接关系，使普通图层中的动画对象可沿着路径运动。在导出动画时，引导层中的对象不会显示。
- 遮罩层：遮罩层是Flash中的一种特殊图层，用户可在遮罩层中绘制任意形状的图形或创建动画，实现特定的遮罩效果。
- 被遮罩层：被遮罩层通常位于遮罩层下方，主要用于放置需要被遮罩层遮罩的图形或动画。

6.1.2　认识时间轴中的帧

帧是组成Flash动画最基本的单位。通过在不同的帧中放置相应的动画元素，并对动画元素进行编辑，然后对帧进行连续地播放，即可实现Flash动画效果。

1．帧区域

在时间轴的帧区域中，同样包含可对帧进行编辑的按钮，如图6-4所示。

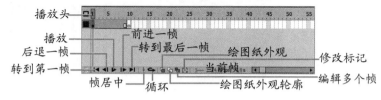

图6-4　帧区域

帧区域中的按钮介绍如下。

- "转到第一帧"按钮█、转到最后一帧"按钮█：单击此按钮，可将当前帧转到第一帧和最后一帧位置。
- "后退一帧"按钮█、前进一帧"按钮█：单击此按钮，可将当前帧向左和向右移动一帧。

- "播放"按钮：单击此按钮，可从当前帧开始播放动画，播放结束将停留在最后一帧。
- "循环"按钮：单击此按钮，可设置循环的区间，单击"播放"按钮，可循环播放设置的区间。
- "帧居中"按钮：单击此按钮，播放头所在帧会显示在时间轴的中间位置。
- "绘图纸外观"按钮：单击此按钮，时间轴标尺上将出现绘图纸的标记显示，在标记范围内帧上的对象将同时显示在舞台中。
- "绘图纸外观轮廓"按钮：单击此按钮，时间轴标尺上出现绘图纸的标记显示，在标记范围内的帧上的对象将以轮廓线的形式同时显示在舞台中。
- "编辑多个帧"按钮：单击此按钮，绘图纸标记范围内的帧上的对象将同时显示在舞台中，可以同时编辑所有的对象。
- "修改标记"按钮：单击此按钮，在打开的下拉列表中可对绘图纸标记进行修改。

2．帧的类型

在Flash CS6中，根据帧的不同功能和含义可将帧分为空白关键帧、关键帧和普通帧等3种，如图6-5所示。

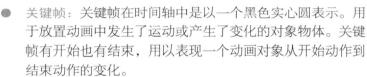

图6-5　帧的类型

- 关键帧：关键帧在时间轴中是以一个黑色实心圆表示。用于放置动画中发生了运动或产生了变化的对象物体。关键帧有开始也有结束，用以表现一个动画对象从开始动作到结束动作的变化。
- 空白关键帧：空白关键帧在时间轴中是以一个空心圆表示。该关键帧中没有任何内容，主要用于结束前一个关键帧的内容或用于分隔两个相连的补间动画，常用于制作物体消失的动画。
- 普通帧：普通帧在时间轴中是以一个灰色方块表示，其通常处于关键帧的后方，作为关键帧之间的过渡，或用于延长关键帧中动画的播放时间。一个关键帧后的普通帧越多，该关键帧的播放时间越长。

6.1.3　制作逐帧动画

在时间轴上具有逐帧变化图像的动画称为逐帧动画。它由一帧一帧的图像组合而成，可以灵活地表现丰富多变的动画效果，但逐帧动画需要一帧一帧地去制作，因此会占用相当长的制作时间。逐帧动画中的每一帧都是关键帧。下面在Flash中导入图像序列素材制作花开的逐帧动画，具体操作如下。

微课视频

制作逐帧动画

（1）启动Flash CS6，新建文档，将其以"花开"为名进行保存。

（2）选择【文件】/【导入】/【导入到舞台】菜单命令，打开"导入"对话框，选择素材文件所在位置，选中素材序列文件的第一个文件，这里选中"c_0000"，单击 打开(O) 按钮，如图6-6所示。

（3）在打开的提示对话框中，单击 是 按钮，如图6-7所示，即可将图片序列导入到Flash中。

图6-6　导入序列图片到舞台中

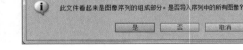
图6-7　确认导入

（4）在"库"面板中即可看到导入的图片序列，单击"库"面板下的"新建文件夹"按钮■，在"库"面板中新建一个文件夹，使用鼠标左键双击文件夹右侧的"新建文件夹"文本，使其呈可编辑状态，在其中输入"百合花开"，如图6-8所示。

（5）在"库"面板的列表框中单击图像序列的第1张图片，拖动滚动条到列表框底部，按住【Shift】键不放，单击最后一张图片，全选图片序列。

（6）单击选中的图片序列不放，将其拖曳到"百合花开"文件夹上，释放鼠标左键，即可将图片序列移动到文件夹中，如图6-9所示。

图6-8　新建文件夹

图6-9　将序列图片移至文件夹中

（7）在时间轴中即可查看导入到舞台后，帧区域中的变化，如图6-10所示。

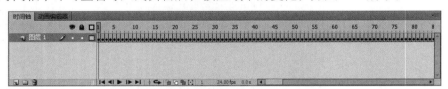
图6-10　时间轴中帧的变化

将图片导入到库

　　读者也可先将图片序列导入到"库"面板，再逐一将图片拖曳到时间轴中的不同帧上。此方法会使工作量变得非常庞大，只有在图片序列很少等特殊情况下才会使用。

6.2　课堂案例：制作"跳动的小球"片头补间动画

　　制作完"花开"逐帧动画后，老洪要求米拉制作以跳动的小球为主要对象的片头动画。老洪告诉米拉，补间动画与逐帧动画不同，补间动画还包括动作补间动画、形状补间动画和传统补间动画等，在制作过程中主要通过关键帧来实现此类动画的制作。

　　要完成该任务，首先需绘制背景和小球，然后为小球和背景填充颜色，其中将背景填充为渐变色，然后为小球设置补间动画，使其呈跳动的效果，再输入文字并设置样式，为文字创建补间动画，使效果不再单一。本例的参考效果如图6-11所示。

 效果所在位置 效果文件\第6章\课堂案例\跳动的小球.fla

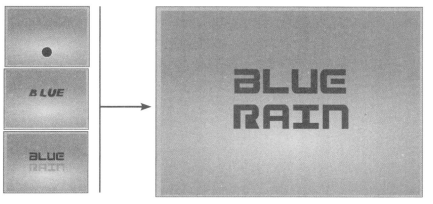

扫一扫

"跳动的小球"动画
效果

图6-11 "跳动的小球"最终效果

6.2.1 制作动作补间动画

动作补间动画可以使对象发生位置移动、缩放、旋转和颜色渐变等变化。这种动画只适用于文字、位图和实例中，被打散的对象不能产生动作渐变，除非将它们转换为元件或组合。

微课视频

制作动作补间动画

（1）新建文档，使用矩形工具绘制与舞台相同大小的矩形作为背景，在其"属性"面板的"填充和笔触"栏中，关闭笔触。

（2）在面板组中单击"颜色"按钮 ，打开"颜色"面板，在其中设置矩形背景为"径向渐变"，在渐变条中设置左侧的渐变颜色为"#33FFFF"，右侧的渐变颜色为"#66CCFF"，如图6-12所示。

（3）选择渐变变形工具 ，调整矩形背景的渐变颜色，结果如图6-13所示，按【Ctrl+S】组合键将文件以"跳动的小球"为名进行保存。

（4）使用选择工具 选中矩形背景，选择【修改】/【排列】/【锁定】菜单命令，锁定矩形背景，防止其在之后的操作中被更改。

（5）在时间轴中双击"图层1"文本，将其转换为可编辑模式，然后输入"背景"文本，选中"背景"图层中的第50帧，选择【插入】/【时间轴】/【帧】菜单命令，插入空白帧，使背景图形在这50帧中都能显示。

（6）单击"背景"图层右侧对应的隐藏标记 ，隐藏背景图层，单击"新建图层"按钮 ，在"背景"图层之上新建一个图层，双击图层名称，使其呈可编辑状态，输入"小球"文本，如图6-14所示。

（7）选中"小球"图层的第1帧，选择椭圆工具 ，在舞台中按住【Shift】键绘制一个圆形，在"属性"面板中设置圆形的笔触颜色为白色（#FFFFFF），笔触宽度为"3.00"，填充颜色为"#669900"，如图6-15所示。

（8）使用选择工具 选中绘制的圆形，单击鼠标右键，在弹出的快捷菜单中选择"转换为元件"命令，打开"转化为元件"对话框。

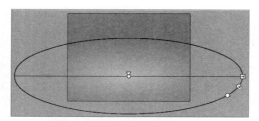

图6-12　设置矩形径向渐变颜色　　　　图6-13　调整渐变色　　　　图6-14　设置背景图层

（9）在"名称"文本框中输入"小球"文本，在"类型"下拉列表中选择"影片剪辑"，单击 确定 按钮，如图6-16所示。

图6-15　设置椭圆属性　　　　　　图6-16　将小球转换为元件

（10）将小球移动到舞台左侧，单击"小球"图层的第25帧，选择【插入】/【时间轴】/【空白关键帧】菜单命令，插入一个空白关键帧。

（11）单击"小球"图层的第24帧，选择【插入】/【补间动画】菜单命令，创建补间动画，如图6-17所示。

知识提示

创建补间动画后动作路径的控制点

创建补间动画后，其动作路径可在舞台中直接显示，创建了多少个帧的补间动画，动作路径上就会显示多少个控制点。

图6-17　插入空白关键帧和创建补间动画

（12）使用选择工具 ▶ 选中小球图形，将其拖曳到舞台右侧。拖曳完毕，在舞台中出现一条动作路径，如图6-18所示，在时间轴中拖动播放头即可查看运动效果。单击"小球"图层中的第12帧，将鼠标指针移至小球中心点上，当其变为 形状时，单击鼠标左键并拖曳，将第12帧的控制点往下拖动，如图6-19所示。

（13）选择【插入】/【时间轴】/【关键帧】菜单命令，在第12帧上插入一个关键帧，在舞台中将鼠标指针移至第6帧的控制点上，当其变为 形状时，单击鼠标左键不放并拖曳，更改运动路径，使用同样的方法更改第18帧处的运动路径，如图6-20所示。

图6-18　拖动图形创建动画

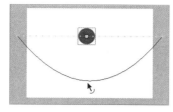

图6-19　调整第12帧的路径

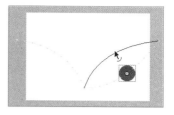

图6-20　调整第6帧和第18帧的路径

6.2.2　制作形状补间动画

形状补间动画指的是变形动画，指动画对象的形状逐渐发生变化。在Flash中图形的变形制作较为简单，只需确定变形前的形状和变形后的形状，再添加形状补间动画即可。

微课视频

制作形状补间动画

下面开始制作主题字体变形动画，具体操作如下。

（1）在时间轴中单击"小球"图层右侧的隐藏标记███，隐藏小球图层。

（2）单击"新建图层"按钮█，在"小球"图层上新建一个图层，双击图层名称，将其更改为"文本"，选择文本工具█，在"属性"面板中将文本引擎更改为"传统文本"。

（3）将鼠标指针移至舞台中央的位置，单击鼠标左键并拖曳，绘制一个文本框，在其中输入"BLUE"文本，在文本的"属性"面板的"字符"栏中，在"系列"下拉列表中选择文本的字体为"Arial Black"，设置"大小"为"83"，"字体颜色"为"#669900"，效果如图6-21所示。

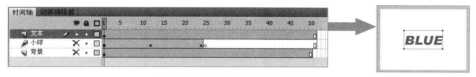

图6-21　新建文本图层并输入文本

（4）在"文本"图层中单击第1帧中的关键帧，当鼠标指针变为█形状时，拖曳第1帧中的关键帧到第24帧。

（5）按住【Alt】键不放并单击第24帧中的关键帧，当鼠标指针变为█形状时，将第24帧中的关键帧拖曳到第48帧，复制一个关键帧，如图6-22所示。

（6）单击第48帧，在舞台中选中"BLUE"文本，在其"属性"面板中将"字符"栏中的"系列"更改为"Gunship Condensed"，按两次【Ctrl+B】组合键，将文字分离。

（7）单击第24帧，在舞台中选中"BLUE"文本，按两次【Ctrl+B】组合键将第24帧中的文本打散。在第24帧和第48帧之间的任意一帧上单击鼠标右键，在弹出的快捷菜单中选择"创建补间形状"菜单命令，在第24帧和第48帧之间生成一个绿底右向的箭头，表明成功创建形状补间动画，如图6-23所示。

图6-22　移动帧和复制帧

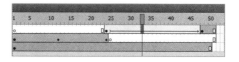

图6-23　创建形状补间动画

创建形状补间动画的注意事项

在Flash中只有将文本或图形打散后，才能创建形状补间动画。在Flash中还可通过添加形状提示，控制图形间对应部位的变形，使变形更有规律，从而制作出各种有趣的变形效果。

（8）选中第24帧，选择【修改】/【形状】/【添加形状提示】菜单命令，在舞台中即可出现一个带有字母"a"的红色圆圈提示点，单击该提示点不放，当鼠标指针变为▶形状时，将其拖曳到字母"B"的左上角，如图6-24所示。

图6-24　调整第24帧中的提示点

（9）选中第48帧，在文本上将出现一个与第24帧对应的形状提示点，将其拖曳到字母"B"的左上角，此时提示点变为绿色，如图6-25所示，返回第24帧可看到该帧文本上的提示点已变为黄色。

（10）在第24帧中，按【Ctrl+Shift+H】组合键继续添加提示点"b"，调整第24帧和第48帧中的提示点，控制字母"L"的变形。

（11）使用相同的方法为字母"U"的变形添加提示点，效果如图6-26所示。

图6-25　调整第48帧中的提示点

图6-26　为其他变形字母添加提示点

6.2.3　制作传统补间动画

"传统补间"与"补间动画"的区别在于："传统补间"需要先在开始帧和结束帧中放入同一动画对象，才能选择插入传统补间的命令；而"补间动画"则只需要在开始帧中放入动画对象，并定义结束帧，即可选择插入补间动画的命令，并且补间动画中还可控制对象的动作路径。下面在Flash中制作传统补间动画，具体操作如下。

微课视频

制作传统补间动画

（1）在时间轴中单击"新建图层"按钮■，在"文本"图层上再新建一个图层，更改图层的名字为"文本2"。

（2）按住【Shift】键不放，逐一单击选中每个图层的第73帧，按【F5】键插入帧，将动画对象在舞台中的存在时间延长。

（3）在"文本2"图层中单击选中第48帧，按【F7】键插入一个空白关键帧，选择文本工具▓，在文本工具的"属性"面板中选择"TLF文本"引擎。

（4）在舞台中绘制一个文本框，在其中输入"RAIN"，在对应"属性"面板的"字符"栏中，设置文本的字体大小为"83"，颜色为"#669900"，字号系列为"Gunship Condensed"，如图6-27所示。

图6-27　创建文字

（5）单击"文本2"图层中的第72帧，按【F6】键插入一个关键帧。

（6）在第48帧到第72帧之间的任意一帧上单击鼠标右键，在弹出的快捷菜单中选择"创建传统补间"菜单命令，即可在第48帧和第71帧之间生成一个紫色底的右向的箭头，表明成功创建传统补间动画，如图6-28所示。

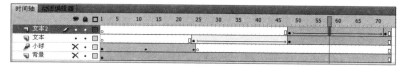

图6-28 创建传统补间动画

（7）在"文本2"图层中单击选中第48帧，然后再在舞台中单击选中"RAIN"文本，在其"属性"面板的"色彩效果"栏中，单击"样式"右侧的下拉列表，在弹出的列表中选择"Alpha"选项。

（8）在展开的"Alpha"控件中，将"Alpha"的值设置为"0"，如图6-29所示。

图6-29 设置文本的Alpha值

（9）按【Ctrl+Enter】组合键，测试动画，测试完成发现文字的位置有点偏下，可在时间轴中单击"编辑多个帧"按钮，此时在帧面板的帧刻度上出现一个大括号。

（10）单击左侧的括号不放，将其拖曳至第24帧前，再单击右侧的括号不放，将其拖曳至第72帧后，如图6-30所示。

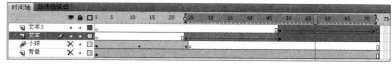

图6-30 编辑多个帧

（11）使用选择工具框选舞台中的文本，按住选中的文本不放将其向上拖曳，调整文本的位置，再次按【Ctrl+Enter】组合键测试动画。

知识提示

编辑多个帧的作用

在创建动画后，若只对其中一帧中的动画对象进行调整，如进行位移操作，之后再单击其他帧则会发现其他帧中的动画对象仍在原位置，只有被调整的帧中的动画对象的位置发生了变化。因此，需要使用"编辑多个帧"命令，将选中帧中的动画对象全部显示在舞台中，再对其进行位移等操作。

（12）测试无误后，再次单击"编辑多个帧"按钮，取消其选中状态。

（13）单击"小球"图层和"背景"图层右侧的隐藏标记，将"小球"图层和"背景"图层中的动画对象显示在舞台中，然后选择【文件】/【保存】菜单命令保存文档。

行业提示

制作动画时的注意事项

① 不同的动画对象最好放置在不同的图层中进行设置，以免编辑混乱；② 制作物体运动的动画时，应注意物体的运动规律包括时间、空间、速度，以及动画对象彼此之间的关系来考虑动画的制作，从而处理好动画中对象的动作和节奏；③ 动画的制作不是一蹴而就的，需要长期地观察和积累，在制作的过程中往往需要重复地进行测试。

6.3 项目实训

6.3.1 制作飘散字效果

微课视频

制作飘散字效果

1．实训目标

本项目将制作文字飘散的效果。在制作时，首先导入背景，再在其中输入文字，并将输入的文字分离，只有将文分离后才能创建形状补间动画，然后插入关键帧，最后为了达到更好的效果，为文字添加效果。本实训完成后的效果如图6-31所示。

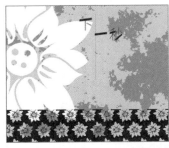 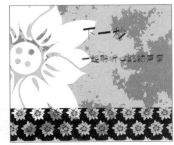

图6-31　飘散字效果

素材所在位置　素材文件\第6章\项目实训\飘散字背景.jpg
效果所在位置　效果文件\第6章\项目实训\飘散字.fla

2．专业背景

随着科学技术的发展和计算机的普及，越来越多的老师开始使用计算机软件制作教学课件，比如Powerpoint，利用其自带的模板，老师可快速方便地制作出色彩丰富的课件，在其中还可添加一些动作，吸引学生的注意力。

但Powerpoint在播放上需要一定的技术设备的支持，而使用Flash制作的课件在输出后即可直接在计算机中播放，且在Flash中可制作更多效果丰富的动画，能满足更高的要求。

3．操作思路

完成本实训主要包括分离文字插入关键帧、添加滤镜、设置帧速率等三大步操作，操作思路如图6-32所示。

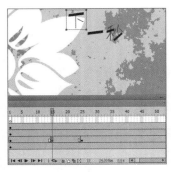 

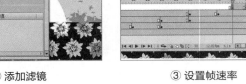

① 分离文字插入关键帧　　　　② 添加滤镜　　　　③ 设置帧速率

图6-32　"飘散字"的制作思路

【步骤提示】

（1）新建一个尺寸为1000×693像素的空白动画文档，然后在舞台中间导入"飘散字背景.jpg"图像。选择【窗口】/【时间轴】菜单命令，打开"时间轴"面板，双击"图层1"图层名称，将该图层重命名为"背景"，单击 按钮，将图层锁定。

（2）在"时间轴"面板上选择第60帧，按【F6】键插入关键帧，单击"新建图层"按钮 ，新建图层。选择"图层2"的第1帧，并输入文本"下一秒"。

（3）选择"图层2"的第2~60帧，单击鼠标右键，在弹出的快捷菜单中选择"删除帧"命令。选择"图层2"的第1帧，按【Ctrl+B】组合键分离文字。

（4）在"下"图层的第15、25帧插入关键帧，选择第15帧，将15帧中的"下"字向上移动一些。选择"下"字，按【Ctrl+F3】组合键，打开"属性"面板，在"属性"面板中展开"滤镜"栏，单击"添加滤镜"按钮 ，在弹出的下拉列表中选择"模糊"选项。

（5）在"一"图层的第25、35帧插入关键帧。选择第25帧，将25帧中的"一"字向上移动。并使用相同的方法为"一"图层第25帧中的"一"字添加模糊滤镜。

（6）在"秒"图层的第35、45帧插入关键帧。选择第35帧，将35帧中的"秒"字向上移动。并使用相同的方法为"秒"图层中第25帧中的"秒"字添加模糊滤镜。

（7）选择"图层2"的第50帧，按【F7】键，插入空白关键帧，在图层中输入"一起聆听心跳的声音"文本。分别选择第55帧和第60帧，按【F6】键，在第55帧和第60帧插入关键帧。

（8）选择第50帧中的文本，将其向下移动一些。打开"属性"面板，为文字添加模糊效果，在"时间轴"面板下方，设置帧速率为"12.00fps"。

6.3.2 制作迷路的小孩

1．实训目标

微课视频

制作迷路的小孩

本任务将制作一个迷路的小孩动画，在制作时将先导入图像，然后创建补间动画，主要设置创建关键帧、复制帧等操作，通过逐帧动画的方式使动画画面更加精致。本实训完成后的参考效果如图6-33所示。

素材所在位置 素材文件\第6章\项目实训\迷路的小孩\
效果所在位置 效果文件\第6章\项目实训\迷路的小孩.fla

图6-33 迷路的小孩效果

2．专业背景

本例制作的"迷路的小孩"属于逐帧动画。逐帧动画可以产生细腻的动画效果，是制作一些动作动画的首选。但逐帧动画对动画制作成员的手绘功底及时间都有较多要求，所以，一般在制作Flash动画时纯逐帧动画使用的频率很低。在一些大型的Flash动画公司或是个人制作的Flash动画在表现细腻动作场景时，才会使用一段逐帧动画。

3．操作思路

完成本实训首先应导入素材，然后将素材拖动至舞台，插入关键帧，并创建传统补间，然复制粘贴帧，为小鹿添加补间动画，操作思路如图6-34所示。

① 导入素材

② 创建传统补间

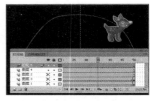
③ 创建补间动画

图6-34　迷路的小孩的操作思路

【步骤提示】

（1）新建一个Flash文档，将文档大小设置为"500×516"像素，背景颜色设置为"黑色（#000000）"。将"迷路的小孩"文件夹中的所有图像导入到库中。

（2）选择"图层1"中的第1帧，选择"库"面板中的"背景"图像，将其拖动到舞台中，使图像右边与舞台右边对齐。

（3）选择第50帧，按【F6】键，插入关键帧，移动图像，使图像的左边与舞台左边对齐。选择第1帧~第50帧，单击鼠标右键，在弹出的快捷菜单中选择"创建传统补间"命令。

（4）选择【插入】/【新建元件】菜单命令，在打开的对话框中设置"名称""类型"分别为"小孩运动""影片剪辑"，单击 确定 按钮。

（5）进入元件编辑窗口，选择【文件】/【导入】/【导入到舞台】菜单命令，在打开的对话框中选择导入"小孩1.png"图像，单击 打开(O) 按钮。再在打开的提示对话框中单击 是 按钮，将素材文件导入到舞台中，导入的图像将自动生成逐帧动画。

（6）选择第9帧，单击鼠标右键，在弹出的快捷菜单中选择"插入帧"命令。再选择第1帧至第8帧，单击鼠标右键，在弹出的快捷菜单中选择"复制帧"命令。

（7）选中第10帧，单击鼠标右键，在弹出的快捷菜单中选择"粘贴帧"命令，按照相同的方法在第18帧、27帧、36帧、45帧中插入帧，在第10帧至第17帧、第19帧至第26帧、第28帧至第35帧、第37帧至第44帧、第46帧至第53帧等区间粘贴第1帧至第8帧中的内容。

（8）返回主场景，新建"图层2"。将"小孩运动"元件移动到舞台上。按【Ctrl+T】组合键，打开"变形"面板，在其中设置"缩放宽度、缩放高度"均为"50%"。将元件移动到舞台右边。

（9）新建"图层3"，选择第1帧，从"库"面板中将"云"图像移动在舞台中，并使图像右边与舞台右边对齐。选择第50帧，按【F6】键插入关键帧，使图像左边与舞台左边对齐。选择第1帧~第50帧，单击鼠标右键，在弹出的快捷菜单中选择"创建传统补间"命令。

（10）新建"图层4"，隐藏图层"1~3"。选择"图层4"中的第1帧，选择铅笔工具 ，将笔触颜色设置为"白色"，使用该工具在舞台中绘制一条曲线。

（11）新建类型为图像的"小鹿跳跃"元件，进入元件编辑窗口，在"库"面板中将"鹿"

图像，移动到舞台中。返回主场景。

（12）新建"图层5"，选择第1帧，从"库"面板中将"小鹿跳跃"元件移动到舞台左边，打开"变形"面板。将元件的"缩放高度、缩放宽度"均设置为"50.0"。

（13）选择"图层5"中的第1帧~50帧，单击鼠标右键，在弹出的快捷菜单中选择"创建补间动画"命令，将选择的帧转化为补间动画。

（14）选择"图层4"，再选择舞台中绘制的曲线，按【Ctrl+C】组合键，复制曲线。选择"图层5"，按【Ctrl+Shift+V】组合键，删除"图层4"，显示图层"1~3"。

6.4 课后练习

本章主要介绍了图层和帧的基础知识，并讲解了创建逐帧动画、补间动画和引导动画的方法，并对补间动画中的3种不同补间的创建和区别进行了说明。对于本章的内容，读者应认真学习和掌握，以便为后面设计和动画制作打下良好的基础。

练习1：制作篮球宣传动画

本例将应用补间动画创建一个"篮球"动画。该动画的特点是模拟打篮球过程中的运行速度和状态。在制作时，首先将背景素材导入到素材，然后创建"篮球"元件，并为创建的元件制作传统补间动画。制作后的效果如图6-35所示。

微课视频

制作篮球宣传动画

素材所在位置 素材文件\第6章\课后练习\篮球\
效果所在位置 效果文件\第6章\课后练习\篮球宣传动画.fla

图6-35 "篮球宣传动画"效果

操作要求如下。

● 新建文档，导入背景"图片，将其拖曳到舞台中。

● 新建篮球元件，新建"图层2"，选择第24帧，选择【插入】/【补间动画】菜单命令，向下移动篮球的位置，选择第45帧，将篮球移动至人物手的位置。

● 在46、47、48、49帧处按【F6】键插入关键帧，分别在"属性"面板的"旋转"栏中设置旋转为"5"次，在缓动栏中设置缓动为"−16"。

● 输入文字"我的篮球路"，设置字体为"汉仪娃娃篆简"，大小为"58"，颜色为白色。

练习2：制作宇宙动画

本练习将制作宇宙动画。制作时，主要通过创建补间动画，然后设置图片的亮度，使其具有发光的动画效果。制作后的效果如图6-36所示。

制作宇宙动画

图6-36　"宇宙"动画效果

素材所在位置　素材文件\第6章\课后练习\宇宙.jpg
效果所在位置　效果文件\第6章\课后练习\宇宙.fla

操作要求如下。

- 新建一个Flash文档，设置场景大小，将图形素材"宇宙.jpg"导入到库中。
- 将库中的"宇宙.jpg"图片拖动到场景中，使用任意变形工具调整图片的大小，使其布满整个舞台。
- 在第15帧中插入关键帧，然后创建补间动画，选中第1帧中的图片，在"属性"面板中将亮度设置为"-50%"。

6.5　技巧提升

1．选择图层关键帧却无法编辑怎么办

在舞台中放置动画对象时，一定要在对应的图层中选中需要放置动画对象的帧，否则往舞台中拖入的动画对象会放置在其他图层的关键帧中。这就会导致明明选中了帧，却无法进行操作的情况出现。

2．"属性"面板标签类型的区别

帧的标签类型有名称、注释和锚记的等3种，如图6-37所示。需要注意的是，帧标签和帧注释除了可以添加到关键帧上以外，还可以添加到空白关键帧上，但不能添加到普通帧上。

帧名称　　　　　　　帧注释　　　　　　　帧锚记

图6-37　帧的标签类型

- 帧名称用于设置帧的名字，给帧命名的优点是可以移动它而不破坏ActionScript指定的调用。
- 帧注释以"//"开头，它并不能输出到动画中，因此不必注意注释内容的长短。
- 帧锚记用于记忆动画位置，当将Flash发布成HTML文件时，可在浏览器地址栏中输入锚点，方便直接跳转到对应的动画位置进行播放。

3．"清除帧"和"删除帧"的区别

清除帧用于将选中帧内的所有内容清除，但继续保留该帧在时间轴中所占用的位置；删除帧用于将选中的帧从时间轴中完全清除，执行删除帧操作后，被删除帧的后方的帧会自动前移并填补被删除帧所占的位置。

CHAPTER 7

第7章
制作高级动画

情景导入

　　米拉已经掌握了Flash中基础动画的制作方法，她发现在Flash中除了可制作这些基础的动画效果，还可以利用其他属性制作更多丰富的动画。

学习目标

● 掌握"枫叶"引导动画的制作方法
　　掌握引导动画的基本概念、创建引导动画、编辑引导动画等知识。

● 掌握"百叶窗"遮罩动画的制作方法
　　认识遮罩动画原理、创建遮罩元件、制作遮罩动画等知识。

案例展示

▲制作"枫叶"引导动画

▲制作"百叶窗"遮罩动画

7.1　课堂案例：制作"枫叶"引导动画

米拉接到了新任务，制作一个枫叶场景动画。老洪告诉米拉，引导动画是通过引导层实现的。要制作"枫叶"引导动画，首先应该绘制枫叶背景，创建两个"枫叶"元件，将素材图片转换为元件，然后分别添加两个传统运动引导层，再绘制运动的路径，使枫叶元件跟随路径进行运动，然后添加传统补间动画。为了使枫叶的画面更生动，还需要编辑引导动画。本例完成后的效果如图7-1所示。

素材所在位置　素材文件\第7章\课堂案例\枫叶\
效果所在位置　效果文件\第7章\课堂案例\枫叶.fla

扫一扫

"枫叶"动画效果

图7-1　"枫叶"最终效果

7.1.1　引导动画的基本概念

引导动画是指创建一条路径引导动画对象按照一定路径进行移动，使用引导动画可制作出逼真的动画效果。

引导动画由引导层和被引导层组成，其中，引导层位于被引导层的上方，在引导层中可绘制引导线，可对动画对象的运动路径进行引导，且在最终输出时不会显示。在引导层中绘制路径应注意以下4点。

- **流畅的引导线**：引导线应为一条流畅的从头到尾连续贯穿的线条，不能出现中断的现象。
- **不宜过多转折**：引导线的转折不宜过多，且转折处的线条弯转不宜过急。
- **准确吸附动画对象**：被引导对象的中心点必须准确吸附在引导线上，否则将无法沿引导路径运动。
- **不可交叉**：引导线中不能出现交叉和重叠的现象。

7.1.2　创建引导动画

下面讲解如何在Flash中创建引导动画，具体操作如下。

（1）在Flash CS6中，选择【文件】/【打开】菜单命令，打开"打开"对话框，在其中选择素材文件夹中的"枫叶.fla"文件，将其打开。

（2）在工具栏中选择Deco工具 ，在"属性"面板的"绘制效果"栏中，单击下拉列表选择"树刷子"选项，在"高级选项"栏的下拉列表中选择"枫树"选项，单击"树叶颜色"右侧的色块，在弹出的颜色面板中选择"#FF6600"，如图7-2所示。

微课视频

创建引导动画

（3）在舞台中绘制枫树，组合并调整枫树的大小和位置，如图7-3所示。

（4）选择【文件】/【导入】/【导入到库】菜单命令，打开"导入到库"对话框。在对话框中选择素材文件夹中的"枫叶1.png"和"枫叶2.png"素材文件，单击 打开(O) 按钮，将这两个素材图片导入到"库"面板中。

（5）在"库"面板的列表中自动生成对应的"元件1"和"元件2"图形元件，分别将"元件1"和"元件2"的名称更改为"枫叶1"和"枫叶2"，如图7-4所示。

图7-2　设置Deco工具属性

图7-3　绘制枫树

图7-4　更改元件名称

（6）在时间轴中双击"图层1"的名称，将其更改为"背景"，单击其右侧的"锁定"按钮，锁定"背景"图层。

（7）单击"新建图层"按钮，新建一个图层，将其名称更改为"枫叶1"。

（8）单击"枫叶1"图层的第1帧，将"库"面板中的"枫叶1"图形元件拖动到舞台中，使用任意变形工具，配合【Shift】键等比例缩小舞台中的"枫叶1"图形元件。在时间轴中按【Shift】键选中两个图层的第75帧，按【F5】键插入帧，如图7-5所示。

图7-5　新建图层并延长动画对象延续的时间

（9）在"枫叶1"图层上单击鼠标右键，在弹出的快捷菜单中选择"添加传统运动引导层"命令，为"枫叶1"图层创建运动引导层，如图7-6所示。

图7-6　创建传统运动层

（10）单击"引导层"的第1帧，使用铅笔工具在舞台中绘制枫叶运动的路径，如图7-7所示。

（11）按住【Shift】键不放，单击选中"引导层"和"枫叶1"图层中的第60帧，按【F6】键插入关键帧。

（12）单击"枫叶1"图层的第1帧，使用任意变形工具选中"枫叶1"图形元件，将其拖动到引导路径的起点位置；单击该图层第60帧，将"枫叶1"图形实例拖动到引导路径的终点位置，如图7-8所示。

图7-7　绘制引导路径

图7-8　将被引导层中的动画对象吸附到引导路径上

（13）在"枫叶1"图层的第1帧和第60帧之间的任意一帧上，单击鼠标右键，在弹出的快捷菜单中选择"创建传统补间"命令，如图7-9所示。

图7-9　创建传统补间动画

7.1.3　编辑引导动画

制作完成引导动画后，还可对引导动画中的动画对象进行编辑，使动画更加生动。下面继续在Flash中编辑引导动画，具体操作如下。

（1）在时间轴中，按住【Shift】键选中引导层和"枫叶1"图层中的第1帧至第75帧，单击鼠标右键，在弹出的快捷菜单中选择"复制帧"命令，如图7-10所示。

（2）单击"新建图层"按钮，在引导层上新建一个图层，选中新建图层的第1帧，单击鼠标右键，在弹出的快捷菜单中选择"粘贴帧"菜单命令，如图7-11所示。

图7-10　复制帧

图7-11　粘贴帧

（3）双击复制的"枫叶1"图层的名称，将其重新命名为"枫叶2"，分别单击引导层和"枫叶1"图层右侧的"锁定"按钮，锁定这两个图层，如图7-12所示。

（4）在粘贴帧后出现的两个图层中，枫叶对象并不会随着引导层的路径进行运动。按住"枫叶2"图层不放向图层标记为的引导层拖动，即"图层3"的右下侧拖动，当出现一条带有圆圈的黑色横线时，释放鼠标即可将"图层3"和"枫叶2"图层转换为运动引导层和被引导层，如图7-13所示。

（5）双击"图层3"引导层，将其图层名称更改为"引导层2"，按住【Shift】键不放，选中"引导层2"和"枫叶2"图层的第1帧至第60帧。

微课视频

编辑引导动画

图7-12 锁定图层

图7-13 拖动图层

（6）单击选中的帧序列不放并拖曳，将"引导层2"和"枫叶2"图层中的关键帧向右移动10帧，如图7-14所示。

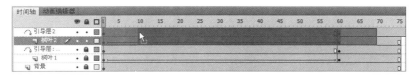

图7-14 移动帧

（7）调整后的"枫叶2"图层中的枫叶将延迟10帧的时间再出现并进行运动。在时间轴中单击"编辑多个帧"按钮，选中需要编辑的"引导层2"和"枫叶2"图层中的帧，如图7-15所示。

（8）使用选择工具在舞台中框选"引导层2"和"枫叶2"图层中的引导路径和枫叶实例，将它们拖曳到场景中另一位置，如图7-16所示。

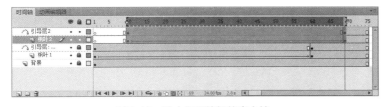

图7-15 选中需要编辑的多个帧

图7-16 移动复制的运动对象

（9）在时间轴中再次单击"编辑多个帧"按钮。单击"枫叶2"图层的第10帧，在舞台中选中复制的枫叶图形，在其"属性"面板中单击 交换... 按钮。

（10）在打开的"交换元件"对话框的元件列表中选择"枫叶2"图形元件，单击 确定 按钮，如图7-17所示。使用同样的方法交换第60帧中的枫叶元件。

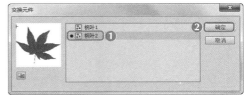

图7-17 选择交换元件

（11）在舞台中即可看到复制的枫叶运动图形已更改，如图7-18所示。在"枫叶2"图层中单击第10帧至第70帧中的任意一帧（即枫叶补间动画中的任意一帧），在"属性"面板中将出现与"帧"相关的一些属性参数。

（12）在"标签"栏的"名称"文本框中输入"枫叶2"文本，保持"类型"为"名称"不变，"枫叶2"图层中的运动补间上即可出现帧的名称，如图7-19所示。

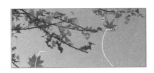

图7-18 交换元件后的效果

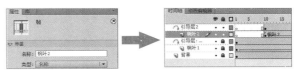

图7-19 更改名称

（13）在"补间"栏中单击"编辑缓动"按钮 ，如图7-20所示，打开"自定义缓入/缓出"对话框。

（14）单击左下角的黑色正方形控制点，将出现一个与直线平行的贝塞尔控制手柄，将鼠标指针移至该贝塞尔控制手柄上，当鼠标指针变为 形状时，按住鼠标左键不放并向下拖曳，调节曲线弧度。使用同样的方法调节右上角的黑色正方形控制点，如图7-21所示。

图7-20　编辑缓动

（15）使用鼠标单击曲线，即可添加一个控制点，并带有贝塞尔控制手柄，对其进行调整，调整完成后单击 确定 按钮，如图7-22所示。

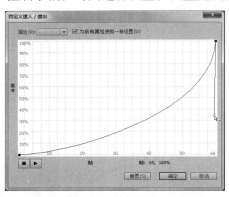

图7-21　编辑缓动

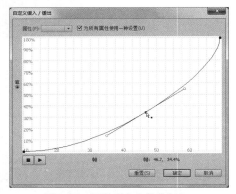

图7-22　调节顶点上的控制点

（16）在"补间"栏中单击"旋转"右侧的下拉按钮 ，在弹出的下拉菜单中选择"顺时针"选项，"旋转次数"为"1"，如图7-23所示。删除"引导层2"中多余的帧，按【Ctrl+Enter】组合键进行测试，测试完成后保存文档。

图7-23　添加旋转

多学一招

选择不连续的多个帧

在时间轴中若要选择不连续的多个帧，可按住【Ctrl】键不放，然后依次单击需要选择的帧即可。

7.2　课堂案例：制作"百叶窗"遮罩动画

老洪对米拉制作的"枫叶"引导动画甚是满意，决定再让米拉制作一个风景相册，要求相册中的图片在切换时呈现百叶窗的效果。米拉查阅相关资料后知道该动画属于遮罩动画。

要完成该案例，首先要了解遮罩动画的含义。遮罩动画主要是通过遮罩层来决定被遮罩层的显示情况，首先创建影片剪辑元件，因为要制作百叶窗效果，所以需要绘制矩形，然后复制矩形，使其达到百叶窗的模样，然后创建补间形状，使其有拉开百叶窗的效果，最后创建遮罩层，根据遮罩层来逐渐显示下方图层的图像。本例的参考效果如图7-24所示。

素材所在位置	素材文件\第7章\课堂案例\百叶窗\
效果所在位置	效果文件\第7章\课堂案例\百叶窗.fla

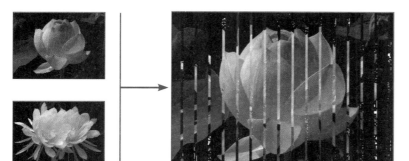

扫一扫

"百叶窗"动画效果

图7-24　"百叶窗"最终效果

7.2.1　遮罩动画原理

遮罩动画是比较特殊的动画类型，主要包括遮罩层与被遮罩层，其中，遮罩层主要控制被遮罩层的图形显示，即所能看到的范围及形状，比如，若遮罩层中是一个月亮图形，则用户只能看到这个月亮中的动画效果。被遮罩层则主要实现动画效果，如移动的风景等。图7-25所示是创建一个静态的遮罩动画效果的前后对比图。

由于遮罩层的作用是控制形状，所以在该层中绘制具有一定形状的矢量图形，形状的描边或填充颜色显得无关紧要，因为不会被显示出来。

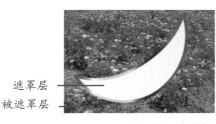

看不到

遮罩层

被遮罩层

图7-25　遮罩动画层原理示意图

7.2.2　创建遮罩元件

在遮罩层上一般应放置填充形状、文字或元件的实例。下面讲解如何创建遮罩元件，具体操作如下。

微课视频

创建遮罩元件

（1）新建AS3.0文档，以"百叶窗"为名进行保存。

（2）按【Ctrl+F8】组合键打开"创建新元件"对话框，在"名称"文本框中输入"遮罩1"文本，在"类型"下拉列表中选择"影片剪辑"选项，单击 确定 按钮。

（3）在"库"面板中双击"遮罩1"影片剪辑元件，进入元件编辑模式，使用矩形工具在工作区中绘制一个矩形，在"属性"面板的"位置和大小"栏中设置矩形的"宽"为"35.00"，高为"400.00"，并在"填充和笔触"栏中关闭笔触，将填充颜色设置为"黑色"，如图7-26所示。

（4）选中绘制的矩形，按【Ctrl+K】组合键打开"对齐"面板，单击选中 ☑与舞台对齐 复选框，在

"对齐"栏中分别单击"水平中齐"按钮 和"垂直中齐"按钮 ，如图7-27所示。

图7-26　设置元件属性参数

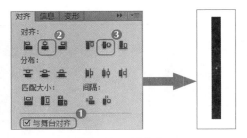

图7-27　对齐舞台

（5）在"遮罩1"的元件编辑模式下，选中其时间轴的第1帧中，使用任意选择工具，将矩形的中心点移至左侧的控制点上，如图7-28所示。

（6）选中第25帧，按【F6】键插入关键帧，在第25帧的工作区中，按住矩形右侧的控制点不放，将其向左拖曳，使矩形的宽度变为"1.00"，如图7-29所示。

（7）在第1帧至第25帧中的任意一帧上单击鼠标右键，在弹出的快捷菜单中选择"创建补间形状"命令，单击选中第26帧，按【F7】键插入一个空白关键帧，如图7-30所示。

图7-28　调整矩形中心点

图7-29　调整矩形宽度

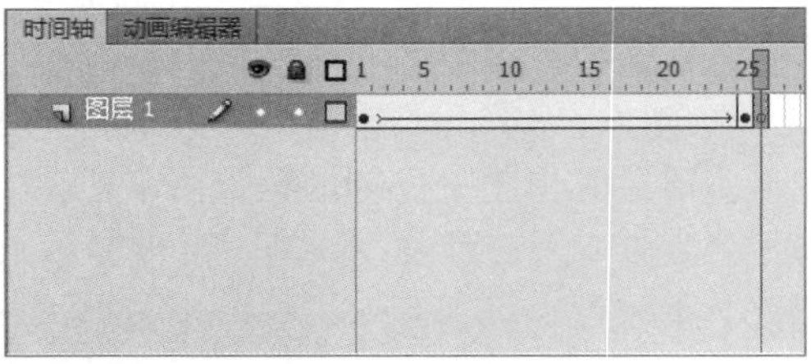

图7-30　创建补间形状

多学一招

精确调整对象

　　在对象的"属性"面板中通过调节"位置和大小"栏中的参数直接调整对象，可快速实现精确的效果。

（8）按【Ctrl+F8】组合键打开"创建新元件"对话框，创建名为"遮罩2"的影片剪辑元件。

（9）双击"遮罩2"影片剪辑元件，进入元件编辑模式，将库中的"遮罩1"影片剪辑元件拖曳至"遮罩2"影片剪辑元件的工作区中。

（10）在"遮罩2"影片剪辑元件的元件编辑模式下，按住【Alt】键向右拖曳并复制矩形，复制出图7-31所示的矩形序列。

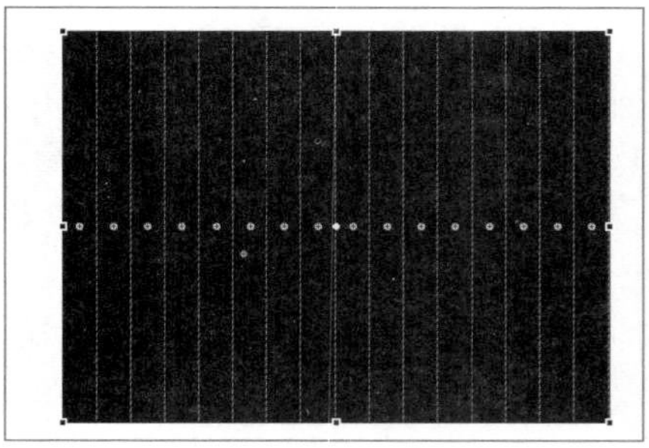

图7-31　在"遮罩2"中复制矩形

7.2.3　制作遮罩动画

　　遮罩元件制作完成后，即可开始制作遮罩动画，具体操作如下。

（1）在工作区上方单击"返回"按钮 ，返回"场景1"，选择【文件】/【导入】/【导入到库】菜单命令，打开"导入到库"对话框。

（2）在对话框中选中素材文件夹中的"荷花.jpg"和"昙花.jpg"，将其导入到库中。

（3）将"图层1"重命名为"昙花"，将库中的"昙花.jpg"图片，拖曳到第1帧中，调整图片的大小和位置，将其布满整个舞台。

（4）单击"新建图层"按钮，新建"图层2"，将其重命名为"荷花"，单击"荷花"图层的第1帧，将库中的"荷花.jpg"文件拖曳到舞台中，调整图片的大小和位置，使其布满整个舞台，时间轴如图7-32所示。

微课视频

制作遮罩动画

图7-32　将素材文件拖曳到舞台中

（5）选择"荷花"图层的第45帧，按【F5】键插入普通帧，选择"昙花"图层的第65帧，按【F5】键插入普通帧。

（6）选择"荷花"图层，单击"新建图层"按钮，在"荷花"图层上新建一个图层，将其重命名为"遮罩"。

（7）在"遮罩"图层上单击鼠标右键，在弹出的快捷菜单中选择"遮罩层"命令，如图7-33所示。

（8）此时"荷花"图层为被遮罩层，单击"荷花"图层和"遮罩图层"右侧的"锁定"按钮解除锁定，选择"遮罩"图层的第25帧，按【F7】键插入空白关键帧，如图7-34所示。

115

图7-33　设置遮罩层　　　　　图7-34　在遮罩层中插入空白关键帧

（9）将库中的"遮罩2"影片剪辑元件拖曳到遮罩图层的第25帧的舞台上，在舞台中调整"遮罩2"实例的位置和大小，按【Ctrl+Enter】组合键进行测试，如图7-35所示，测试完成后按【Ctrl+S】组合键保存文件即可。

图7-35　测试动画效果

行业提示

遮罩动画的使用范围

　　遮罩动画在Flash中的应用十分的广泛，利用遮罩可以制作很多漂亮的动画效果，比如，除了百叶窗效果外，还能制作打光效果、瀑布效果、水流波浪效果、探照灯效果等。

7.3 项目实训

7.3.1 制作蝴蝶飞飞动画

1．实训目标

本项目将制作蝴蝶飞舞的动画，首先需要创建"蝴蝶"元件，体现出蝴蝶这一主题，然后为蝴蝶元件创建补间动画，制作出蝴蝶飞舞时煽动翅膀的效果，使效果更加的逼真，最后将添加引导线，使蝴蝶根据绘制的路径飞舞。本实训完成后的效果如图7-36所示。

素材所在位置 素材文件\第7章\项目实训\蝴蝶\
效果所在位置 效果文件\第7章\项目实训\蝴蝶飞飞.fla

图7-36 蝴蝶飞飞效果

2．专业背景

Flash的引导动画能呈现生活中一些对象的运动效果。在制作过程中，需要根据实际物体的运动的形态、路径和速度进行动画的制作。比如，本例中蝴蝶飞舞的过程并非是直线运动，而是上下波动飞舞。使用引导动画能制作多种效果，如船在海上行驶、地球围绕太阳运动、雪花飞舞、小鸟在天空自由翱翔、动物奔跑、过山车、飞机飞行、小鱼游行等效果。

3．操作思路

完成本实训主要包括为元件创建补间动画、设置引导层并绘制曲线、创建传统补间动画等三大步操作，其操作思路如图7-37所示。

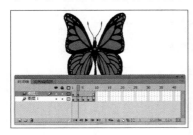  

①为元件创建补间动画　　　　②绘制路径　　　　③创建传统补间动画

图7-37 "蝴蝶飞飞"的制作思路

【步骤提示】

（1）打开"蝴蝶飞飞.fla"文档，新建"蝴蝶1、影片剪辑"元件进入元件编辑窗口。将"蝴蝶1.png"图片导入场景中，分离图像。

（2）复制左边的翅膀部分，水平翻转得到右边的翅膀部分，删除之前导入的图像，组合翅膀，打开"转换为元件"对话框，设置"名称""类型"分别为"红蝴蝶""图形"。

（3）复制蝴蝶的身体部分，将其转化为图形元件"身体1"。

（4）将"红蝴蝶"元件拖入场景中，使元件中心点与舞台中心点重合，在第3帧插入关键帧，在"变形"面板中将"红蝴蝶"图形的"缩放宽度"设置为"53%"。

（5）选择第1帧、第2帧，创建补间动画。在第5帧插入空白关键帧，在第1帧上复制帧，在第5帧上粘贴帧。在第7帧和第9帧插入空白帧，将第3帧中的内容复制到第7帧，第5帧中的内容复制到第9帧，并在第3帧、第5帧和第7帧上创建动作补间动画。

（6）新建图层，创建动作补间动画。返回主场景，新建"蝴蝶2""影片剪辑"元件，将"蝴蝶2.png"图片导入到库中并将其拖入场景中，将图片分离，创建"绿蝴蝶"和"身体2"图形元件，制作"蝴蝶2"影片剪辑元件。

（7）返回主场景，新建"图层2""图层3"，选择"图层2"，将其拖至引导层的下方。选择第1帧，绘制两条未封闭的曲线条。将图层2拖入引导图层中，将其转换为引导图层。

（8）选择"图层2"中的第1帧，将"蝴蝶1"元件拖入舞台中。在"变形"面板中，设置"缩放宽度""缩放高度"为"10%""10%"。选中"图层2"第40帧，拖动"蝴蝶1"，使元件的中心点吸附到曲线上，选择第1~40帧为其创建传统补间动画。

（9）在"图层2"的第3、7、15、16、20、25、30、35和37帧上分别插入关键帧，使用任意变形工具对蝴蝶的角度进行调整。

（10）选择"图层3"的第1帧，将"蝴蝶2"元件拖入场景中，调整元件大小。在"图层3"的第1帧上创建动作补间动画。在"图层4"的第8、15、18、21、23、28、33、36、38、39和40帧上分别插入关键帧，使用任意变形工具对蝴蝶的角度进行调整。

7.3.2　制作拉伸动画

1．实训目标

本任务将制作图片被拉伸的效果，使图像以拉伸的效果进入屏幕。制作时，首先创建元件实例并设置其宽度和高度，创建补间动画，然后绘制图层并创建遮罩图层，并设置补间动画属性，达到运动的效果。本任务需要通过多层遮罩来实现拉伸的效果，需要在新建图层并创建遮罩，并进行图层遮罩效果的链接。本实训完成后的参考效果如图7-38所示。

微课视频

制作拉伸动画

 素材所在位置　素材文件\第7章\项目实训\拉伸背景.jpg
效果所在位置　效果文件\第7章\项目实训\拉伸效果.fla

图7-38　拉伸动画效果

2．专业背景

本例制作过程中使用了多层遮罩。多层遮罩动画指运用一个遮罩层同时遮罩多个被遮罩层中的对象的动画。在制作遮罩动画时，默认遮罩层只和其下的一个图层建立遮罩关系。如果要使遮罩层同时遮罩多个图层，可将图层拖移到遮罩层的下方或更改图层属性使图层之间产生一种链接的关系。

3．操作思路

完成本实训首先创建元件和创建补间动画，然后创建遮罩图层，再设置补间属性，最后创建遮罩并建立链接，操作思路如图7-39所示。

① 创建元件实例

② 创建遮罩

③ 建立链接

图7-39　拉伸动画的操作思路

【步骤提示】

（1）新建一个尺寸为1280×800像素，将"拉伸背景.jpg"图像导入到舞台上。

（2）将位图转换为图形元件，将其命名为"拉伸"。设置"宽""高"分别为"2560.00""800.00"，将元件与舞台左边对齐。

（3）创建补间动画，选择第60帧，插入关键帧。单击"右对齐"按钮 ，设置"缓动"为"100"。锁定"图层1"，新建"图层2"，绘制一个与场景大小相同的矩形。

（4）将"图层2"设置为遮罩图层。新建"图层3"，拖入"拉伸"元件到舞台中，并对齐舞台，锁定"图层3"。新建"图层4"，绘制一个矩形，转换为"矩形"图形元件。

（5）选择矩形实例，创建补间动画。在第60帧处插入属性关键帧。在"属性"面板中设置"宽""高"分别为"1280""800"，并使其与舞台左对齐，设置"缓动"为"100"。

（6）将"图层3"与"图层4"建立遮罩效果链接。

7.4　课后练习

本章主要介绍了高级动画的制作方法，包括引导动画的制作、编辑引导动画、遮罩的制作、遮罩图层的创建等知识。对于本章的内容，读者应认真学习和掌握，以便为将来从事Flash动画制作打下良好的基础。

练习1：制作"拖拉机"引导动画

本例将制作拖拉机运动的动画效果。先将素材导入到库中，然后创建元件并编辑素材。为了配合引导动画制作出拖拉机颠簸的感觉，需要先对拖拉机单独制作一个拖拉机的动作影片剪辑，然后绘制引导线，最后创建动作补间动画。制作后的效果如图7-40所示。

微课视频

制作"拖拉机"引导动画

素材所在位置　素材文件\第7章\课后练习\拖拉机动画\
效果所在位置　效果文件\第7章\课后练习\拖拉机.fla

图7-40　"拖拉机"引导动画效果

操作要求如下。

● 新建文档，新建"拖拉机"元件，然后将素材导入到库。

● 新建"拖拉机动作"元件，将"拖拉机"拖动至舞台，插入关键帧并创建传统补间动画。

● 将拖拉机素材和黄蝴蝶素材拖动至舞台，使用铅笔工具绘制引导线。

● 为拖拉机和黄蝴蝶创建传统补间动画。

练习2：制作"水波涟漪"遮罩动画

本练习将制作"水波涟漪"遮罩动画。这里主要是通过绘制多个波浪形的线条来创建遮罩层，从而制作出水波流动的效果。在制作时，首先新建矩形元件并复制多个矩形，然后导入素材并编辑素材，最后创建遮罩动画。制作后的效果如图7-41所示。

制作"水波涟漪"遮罩动画

素材所在位置　素材文件\第7章\课后练习\水波涟漪.jpg
效果所在位置　效果文件\第7章\课后练习\水波涟漪.fla

操作要求如下。

● 新建一个Flash文档，将图形素材"水波涟漪.jpg"导入到库中。

● 新建"水波"和"图形""水波涟漪"和"图形""水波涟漪1"和"图形"元件。

● 将素材导入到"图层1"，新建"水波纹""影片剪辑"元件，绘制曲线。

● 新建"遮罩层"，并创建遮罩动画。

图7-41　"水波涟漪"遮罩动画效果

7.5　技巧提升

1. 运动轨迹有交叉怎么使用引导层动画实现

同一组引导层动画中的引导线是不允许交叉的，但如果运动轨迹不可避免地需要交叉，则可分为多个引导层来实现。这时，根据交叉情况分成多个引导层组，分别绘制不交叉的引导线并创建相应的运动动画。

2．如何实现圆形轨迹的引导层动画

要实现这种效果，可以先绘制出圆形引导线，然后使用橡皮擦工具 将圆形引导线擦出一个小小的缺口。在创建运动动画效果时，分别将运动对象放置于缺口的两端就可使运动对象进行圆形轨迹运动。

3．遮罩动画中显示遮罩形状

例如，在创建放大镜遮罩动画时，放大镜需要同时显示出来，因此可以先制作放大镜移动的动画效果，以及放大显示的背景图，然后复制放大镜移动层并作为遮罩层，将原始放大镜移动层及放大背景图层作为被遮罩层。最底层放置原始背景图层即可显示遮罩形状。

4．遮罩动画在网页中的使用

遮罩动画在网页广告中经常被使用到，可以说现在门户网站、企业网站，甚至是淘宝等商业网站都会使用遮罩动画制作广告或是展示图像，以宣传商品和展示新闻。将这种动画放在网页上的好处为：避免以大量文字叙述的方法阐述需要的事或物，使浏览者更容易接受信息。

此外，使用遮盖动画可以在同一位置放置多条信息。从而避免整个网页中全是图像，让浏览者抓不住重点。遮罩动画还能制造更多的广告位，使网站盈利更多。

CHAPTER 8

第8章
制作视觉特效和骨骼动画

情景导入

经过几个月的学习，米拉已经掌握了许多基础动画的制作方法。现在老洪要求米拉学习一些高级动画的制作方法，如视觉特效动画和骨骼动画等。

学习目标

● 掌握"旋转的立方体"3D动画和"雪夜"特效动画的制作方法
  掌握3D工具和空间轴向、喷涂刷工具、Deco工具、视觉特效动画、制作雪花飘落动画、制作火焰动画、制作烟动画等知识。
● 掌握游戏场景的制作方法
  如掌握骨骼动画、认识IK反向动画、添加骨骼、编辑IK骨骼和对象、处理骨骼动画、编辑骨架动画等知识。

案例展示

▲制作"雪夜"特效动画

▲制作游戏场景

8.1 课堂案例：制作"旋转立方体"3D动画

米拉今天的任务是制作一个旋转的立方体。要完成该任务，需要创建一个立方体。立方体有6个面，因此需要创建6个影片剪辑元件，分别为数字1~6，带有6个面，能更好地体现制作的旋转效果。然后制作3D立方体，并将创建的6个数字元件放入立方体中，再在"3D定位和查看"栏中调整6个数字元件的位置。最后创建立方体旋转的效果。本例完成后的效果如图8-1所示。

 效果所在位置 效果文件\第8章\课堂案例\旋转立方体.fla

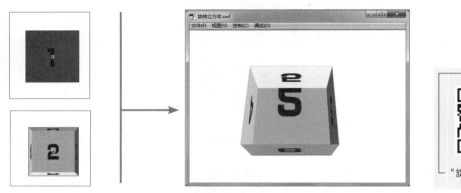 

图8-1 "旋转立方体"最终效果

8.1.1 认识3D工具和空间轴向

在老版本的Flash中，舞台坐标只有x轴和y轴两个方向。从CS4版本开始，Flash引进了三维定位系统，增加了z轴的概念，在工具栏中使用3D旋转工具 和3D平移工具 ，可对对象进行空间上的旋转和位移。

在使用3D工具制作动画之前，需要对新增的知识进行了解，具体介绍如下。

● 透视角度：在舞台上放一个影片剪辑实例，选中该实例，在"属性"面板中会出现一个"3D定位和查看"栏，在其中有个小相机图标 ，调整其右侧的数值即可调整透视角度。透视角度就像照相机的镜头，通过调整透视角度值，可将镜头推近拉远。图8-2所示为透视值为"55"和"110"时图形的显示效果。系统默认值为"55"，且其取值范围为"1~180"。

● 消失点：消失点确定视觉的方向，确定z轴的走向，z轴始终是指向消失点的。在"3D定位和查看"栏中通过调节消失点 右侧的x和y轴的坐标，可设置消失点的位置。系统默认的消失点在舞台的中心，x和y坐标为（275,200）处，图8-3所示为"3D定位和查看"栏。

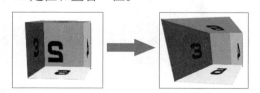 

图8-2 不同透视参数下的透视效果 　　图8-3 3D定位和查看面板

3D旋转工具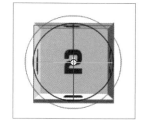和3D平移工具█只能对影片剪辑元件起作用，也就是说要想在舞台中对一个对象进行3D旋转或平移，必须先将此对象转换成影片剪辑元件，图8-4所示为使用3D旋转工具█选中影片剪辑元件后出现的旋转控件。

图8-4 3D旋转控件

● 红色线条：将鼠标指针移动到红色垂直的线条上，当鼠标指针变为█形状时，表示可围绕x轴对对象进行旋转。

● 绿色线条：将鼠标指针移动到绿色垂直的线条上，当鼠标指针变为█形状时，表示可围绕y轴对对象进行旋转。

● 蓝色线条：将鼠标指针移动到蓝色圆形的线条上，当鼠标指针变为█形状时，表示可围绕z轴对对象进行旋转。

● 橙色线条：将鼠标指针移动到橙色圆形的线条上，当鼠标指针变为█形状时，表示可进行自由旋转，不受轴向约束。

8.1.2 创建影片剪辑元件

在了解轴向的基础知识后，即可制作创建立方体需要的面这里直接在Flash中创建6个影片剪辑元件作为元件需要的面，具体操作如下。

微课视频
创建影片剪辑元件

123

（1）新建AS3.0文档，将其以"旋转立方体"为名进行保存。

（2）按【Ctrl+F8】组合键打开"创建新元件"对话框，在"名称"文本框中输入"元件1"文本，在"类型"下拉列表中选择"影片剪辑"选项，单击 确定 按钮，如图8-5所示。

（3）在"元件1"影片剪辑元件的编辑模式中，使用矩形工具绘制一个高和宽均为"100"的正方形，在"属性"面板中，关闭正方形的笔触，设置填充颜色为"#669900"，如图8-6所示。

图8-5 新建元件

图8-6 设置正方形属性

（4）按【Ctrl+K】组合键打开"对齐"面板，单击选中█与舞台对齐复选框，在"对齐"栏中依次单击"水平中齐"按钮█和"垂直中齐"按钮█，如图8-7所示。

（5）使用文本工具，在正方形上绘制文本框，输入"1"，在文本的"属性"面板中，展开"字符"栏，将字体设置为"汉仪综艺体简"，"字号"设置为"57"，"字体颜色"设置为"#3333FF"，如图8-8所示。

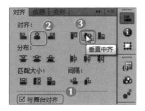
图8-7 设置正方形对齐方式

图8-8 设置文本字符格式

（6）拖动文本使其与正方形中心对齐，效果如图8-9所示。使用选择工具框选"元件1"中绘制的矩形和文本对象，按【Ctrl+C】组合键进行复制。

（7）按【Ctrl+F8】组合键，打开"创建新元件"对话框，创建名为"元件2"的影片剪辑元件，在该元件的编辑模式下，按【Ctrl+V】组合键进行粘贴。

（8）双击粘贴的文本对象，使其呈可编辑状态，将文本框中的数字"1"更改为数字"2"，使用选择工具选中粘贴的正方形对象，在其"属性"面板的"填充和笔触"栏中，将正方形的颜色更改为"#FFCC00"，如图8-10所示。

（9）使用相同的方法创建其余4个影片剪辑元件，依次命名为"元件3""元件4""元件5"和"元件6"。

（10）依次更改对应元件中的正方形颜色和数字，效果如图8-11所示。

图8-9　第1个面　　　图8-10　粘贴的对象　　　　图8-11　更改其余4个元件中对应的对象

8.1.3　创建3D立方体

在制作完成创建立方体需要的6个面后，即可开始新建影片剪辑元件，并在其中创建立方体，具体操作如下。

微课视频
创建3D立方体

（1）按【Ctrl+F8】组合键，打开"创建新元件"对话框，在"名称"文本框中输入"立方体"文本，在"类型"下拉列表中选择"影片剪辑"选项，单击 确定 按钮。

（2）进入"立方体"元件编辑模式，把之前创建的6个元件拖曳到"立方体"影片剪辑元件工作区中，如图8-12所示。

（3）选中"元件1"实例，在"属性"面板中，展开"3D定位和查看器"栏，在其中将x、y和z轴的位置设置为"0,0,0"，如图8-13所示。

（4）选中"元件2"的实例，在"属性"面板的"3D定位和查看器"栏中，将x、y和z轴的位置设置为"0,0,100"，如图8-14所示。

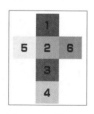

图8-12　放入元件　　　　图8-13　定位元件1实例位置　　　　图8-14　定位元件2实例位置

（5）选中"元件3"的实例，在"属性"面板的"3D定位和查看器"栏中，将x、y和z轴的位置设置为"50,0,50"。

（6）按【Ctrl+T】组合键或在面板组中单击"变形"按钮，打开"变形"面板，在"3D"旋转栏中将y轴设置为"90°"，如图8-15所示。

（7）选中元件4的实例，在其"属性"面板的"3D定位和查看器"栏中，将x、y和z轴的位置设置为"−50,0,50"。

（8）按【Ctrl+T】组合键或在面板组中单击"变形"按钮囗，打开"变形"面板，在"3D"旋转栏中将y轴设置为"-90°"，如图8-16所示。

图8-15 设置元件3实例的3D属性　　　　图8-16 设置元件4实例的3D属性

（9）选中元件5的实例，在"属性"面板的"3D定位和查看器"栏中，将x、y和z轴的位置设置为"0,50,50"。

（10）按【Ctrl+T】组合键或在面板组中单击"变形"按钮囗，打开"变形"面板，在"3D"旋转栏中将x轴设置为"90°"，如图8-17所示。

（11）选中元件5的实例，在"属性"面板的"3D定位和查看器"栏中，将x、y和z轴的位置设置为"0,-50,50"。

（12）按【Ctrl+T】组合键或在面板组中单击"变形"按钮囗，打开"变形"面板，在"3D"旋转栏中将x轴设置为"-90°"，如图8-18所示。

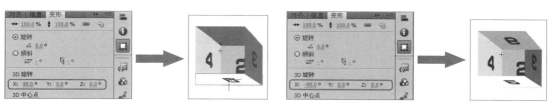

图8-17 设置元件5实例的3D属性　　　　图8-18 设置元件6实例的3D属性

（13）完成立方体的创建，按【Ctrl+S】组合键进行保存。

8.1.4 创建立方体动画

下面即可对创建完成的立方体设置动画效果，其具体操作如下。

微课视频

创建立方体动画

（1）在工作区中单击左上角的"返回"按钮，返回"场景1"工作区，进入文档编辑模式。

（2）从"库"面板中将"立方体"影片剪辑元件拖曳到舞台中，按【Ctrl+K】组合键打开"对齐"面板，单击选中☑与舞台对齐复选框，在"对齐"栏中依次单击"水平中齐"按钮品和"垂直中齐"按钮，如图8-19所示。

图8-19 将"立方体"拖曳到舞台中并对齐

（3）在时间轴的"图层1"中，选择第60帧，按【F7】键插入空白关键帧。

（4）在第1帧至第60帧中的任意一帧上单击鼠标右键，在弹出的快捷菜单中选择"创建补间动画"命令。将播放头移至第59帧，使用3D旋转工具 ，在舞台中按住绿色控线不放并拖曳，进行旋转，如图8-20所示，此时第59帧自动插入关键帧。

（5）选择【窗口】/【动画编辑器】菜单命令，打开"动画编辑器"面板，将"基本动画"栏中"旋转Y"右侧的参数更改为"360°"，如图8-21所示。

（6）返回时间轴面板，选中补间动画序列，单击鼠标右键，在弹出的快捷菜单中选择"复制帧"命令。选择第60帧，单击鼠标右键，在弹出的快捷菜单中选择"粘贴帧"命令，即可将补间动画序列粘贴到第60帧后。

图8-20　旋转立方体

图8-21　设置旋转动画参数

（7）将播放头移至第90帧，切换到"动画编辑器"面板，在"转换"栏中设置"缩放X"和"缩放Y"右侧的数值为"200%"，如图8-22所示。

图8-22　设置第90帧的动画参数

（8）返回到时间轴面板，将播放头移至第118帧，也就是动画序列的最后一帧，再切换到"动画编辑器"面板，在"基本动画"栏中设置"旋转X"右侧的参数为"360°"，"旋转Y"右侧的参数为"0°"，在"转换"栏中设置"缩放X"和"缩放Y"均为"100%"，如图8-23所示。

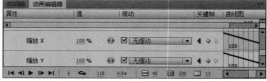

图8-23　设置第118帧的动画参数

（9）按【Ctrl+Enter】组合键测试动画效果，测试完成后，按【Ctrl+S】组合键进行保存。

多学一招

在"动画编辑器"中显示查看的帧数

读者可在"动画编辑器"中拖动"可查看的帧"按钮 右侧的数值，在右侧的曲线图中显示需要查看的帧数。

制作3D动画时的注意事项

在制作立体物体时，首先应确定物体的中心点，以及各个面的中心点，然后再通过计算中心点的位置，得到物体各个面的位置，从而使立体对象的制作事半功倍。在Flash中创建3D动画最好通过在"属性"面板中调节参数进行创建。

8.2 课堂案例：制作"雪夜"特效动画

通过几个月的学习，米拉已经能独立完成Flash动画的制作。今天老洪给米拉一个项目，让她为一个场景制作动画特效。老洪告诉米拉，使用Deco工具能快速得到想要的效果。为了使画面更加丰富，将添加椅子、茶壶和火炉等。首先制作火焰燃烧动画，然后制作水壶水烧开的蒸汽的动画，使画面更加生动逼真，最后添加文字动画等。本例完成后的效果如图8-24所示。

图8-24 "雪夜"最终效果

素材所在位置 素材文件\第8章\课堂案例\雪夜\
效果所在位置 效果文件\第8章\课堂案例\雪夜.fla

8.2.1 什么是视觉特效动画

在生活中，我们可以通过触摸感知物体的硬度和温度，也可以通过观察，从视觉上感知物体的属性。视觉动画就是通过艺术设计将动画视觉化和符号化的过程，其可以使动画产生自然的视觉触感，给人最佳的视觉感受。

视觉特效动画就是将特殊的动画效果，如花瓣的飘落感和雪花的轻盈感等，制作为视觉化、符号化的动画，使其给人以视觉上的冲击，使动画欣赏者从视觉上感受到空间的变化，从而享受特效动画。

8.2.2 喷涂刷工具

喷涂刷工具 可以理解为一个喷枪，用户将特定的图形喷到舞台上，以快速地填充图像。默认情况下，喷涂刷工具是以当前的填充颜色为喷射离子点，但用户也可将一些图形元件作为喷射图案。

8.2.3 Deco工具

使用喷涂刷工具制作动画时，存在一定的局限性。为了弥补这一缺点，用户可以使用Deco工具绘制Flash预设的一些几何形状或图案。用户只需在"工具"面板中选择Deco工具即可打开"属性"面板。该面板中的"绘制效果"栏中提供了Flash的13种绘制效果，在其中可设置颜色和图案。下面分别对各绘制效果进行介绍。

1．藤蔓式填充

藤蔓式填充可以让藤蔓图案填充舞台、元件或封闭区域，在绘制大面积藤蔓式重复的相关背景时经常会使用到。只需选择Deco工具，然后在"属性"面板的"绘制效果"栏中选择"藤蔓式填充"选项，再在舞台上单击进行填充即可，如图8-25所示。

2．网格填充

使用网格填充可以创建棋盘图案、平铺背景或用自定义图案填充的区域。在舞台中填充网格后，如果移动填充元件或调整其大小，网格填充也会跟着移动或改变大小。选择Deco工具，在"属性"面板的"绘制效果"栏中选择"网格填充"选项，再在舞台上单击进行填充即可，如图8-26所示。

图8-25　藤蔓式填充　　　　　　　图8-26　网格填充

3．对称刷子

使用对称刷子可以创建圆形用户界面元素（如模拟钟面或刻度盘仪表）和旋涡图案。在中心对称点周围按住鼠标左键，绘制出中心对称的矩形，选择其他工具，中心点将消失。选择Deco工具，在"属性"面板的"绘制效果"栏中选择"对称刷子"选项，再在舞台上单击进行填充，如图8-27所示。

4．3D刷子

3D刷子可以在舞台上对某个元件涂色，使其具有 3D 透视效果。在舞台上按住鼠标左键不放拖动绘制出的图案为无数个图形对象，且有透视感。选择Deco工具，在"属性"面板的"绘制效果"栏中选择"3D刷子"选项，再在舞台上单击进行填充，如图8-28所示。

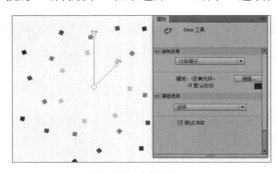
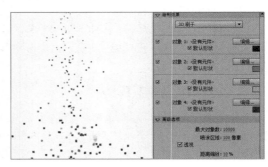

图8-27　对称刷子　　　　　　　图8-28　3D刷子

5．建筑物刷子

建筑物刷子可以在舞台上绘制建筑物，通过设置参数还可以设置建筑物的外观。将鼠标光标移动到舞台上按住鼠标左键不放，由下向上拖动到合适的位置绘制出建筑物体，释放鼠标左键即可创建出建筑物顶部。选择Deco工具 ，在"属性"面板的"绘制效果"栏中选择"建筑物刷子"选项，再在舞台上单击进行填充，如图8-29所示。

6．装饰性刷子

装饰性刷子可以绘制装饰线，如点线、波浪线及其他线条。选择Deco工具 ，在"属性"面板的"绘制效果"栏中选择"装饰性刷子"选项，再在舞台上拖动进行绘制，如图8-30所示

图8-29　建筑物刷子

图8-30　装饰性刷子

7．火焰动画

火焰动画可以生成一系列的火焰逐帧动画。选择Deco工具 ，在"属性"面板的"绘制效果"栏中选择"火焰动画"选项，再在舞台上进行绘制即可。

8．火焰刷子

火焰刷子和火焰动画的效果基本相同，只是火焰刷子的作用范围仅仅是在当前帧。选择Deco工具 ，在"属性"面板的"绘制效果"栏中选择"火焰刷子"选项，再在舞台上拖动进行绘制，如图8-31所示。

9．花刷子

花刷子可以绘制出带有层次的花。在舞台中拖动可以绘制花图案，拖动越慢，绘制的图案越密集。选择Deco工具 ，在"属性"面板的"绘制效果"栏中选择"花刷子"选项，再在舞台上拖动进行绘制，如图8-32所示。

图8-31　火焰刷子

图8-32　花刷子

10．闪电刷子

闪电刷子可以绘制出闪电效果。选择Deco工具 ，在"属性"面板的"绘制效果"栏中选择"闪电刷子"选项，再在舞台上按住鼠标左键不放，当出现需要的闪电光束后释放鼠标即可，如图8-33所示。

11．粒子系统

粒子系统可制作由粒子组成的图像的逐帧动画，如气泡、烟和水等。选择Deco工具 ，在"属性"面板的"绘制效果"栏中选择"粒子系统"选项，再在舞台上单击，将以单

击点为起始点制作粒子逐帧动画。

12．烟动画

烟动画可以制作烟雾飘动的逐帧动画。选择Deco工具 ，在"属性"面板的"绘制效果"栏中选择"烟动画"选项，再在舞台上单击并拖动鼠标即可绘制动画。

13．树刷子

树刷子用于创建树状插图。在舞台上按住鼠标左键不放由下向上快速拖动绘制出树干，然后减慢移动的速度，绘制出树枝和树叶，直到松开鼠标左键。在绘制树叶和树枝的过程中，鼠标移动得越慢，树叶越茂盛。选择Deco工具 ，在"属性"面板的"绘制效果"栏中选择"树刷子"选项，再在舞台上绘制图形，如图8-34所示。

| 图8-33　闪电刷子 | 图8-34　树刷子 |

8.2.4　制作雪花飘落动画

在CS3以前的Flash版本中，制作雪花飘落动画非常麻烦，需要使用引导层先制作一个雪花飘落的动画元件，然后再在主场景中添加多个这样的元件，或者需要通过编译一大段的ActionScript语句来实现。

1．粒子系统面板

CS4以后的Flash版本中新增了Deco工具，使用Deco工具的粒子系统可轻松制作雪花飘落特效，除此之外，还可创建火、烟、水、气泡，以及其他效果的粒子动画。Flash将根据粒子系统的设置的属性创建逐帧动画的粒子效果。在工作区中生成的粒子包含在动画的每个帧的组中。

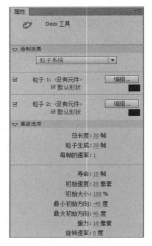

图8-35　粒子系统的"属性"面板

粒子系统的"属性"面板如图8-35所示，其中包含的属性介绍如下。

- 粒子1：在"绘制效果"栏中可分配两个元件用作粒子，"粒子1"是第一个。若未指定元件，将使用黑色的小正方形作为粒子。

- 粒子2："粒子2"第二个可分配用作粒子的元件，通过设置粒子的元件图形，可生成许多不同的逼真效果。

- 总长度：从当前帧开始，动画的持续时间（以帧为单位）。

- 粒子生成：在其中生成粒子的帧数目。如果帧数小于"总长度"属性，则该工具会在剩余帧中停止生成新粒子，但是已生成的粒子将继续添加动画效果。

- 每帧的速率：每个帧生成的粒子数。

- 寿命：单个粒子在工作区中可见的帧数。

- 初始速度：每个粒子在其寿命开始时移动的速度，单位是"像素/帧"。

- 初始大小：每个粒子在其寿命开始时的缩放。
- 最小初始方向：每个粒子在其寿命开始时可能移动方向的最小范围，单位是"度"，其中，零表示向上；90表示向右；180表示向下，270表示向左，而360表示向上，并且允许使用负数。
- 最大初始方向：每个粒子在其寿命开始时可能移动方向的最大范围，单位和方向与"最小初始方向"相同。
- 重力效果：当此数字为正数时，粒子方向更改为向下且进行加速运动；若重力为负数，则粒子方向更改为向上。
- 旋转速率：应用到每个粒子的每帧旋转角度。

2．创建飘雪动画

了解粒子系统面板中各参数的意义，有助于读者快速为粒子设置不同的属性，从而达到不同的效果。下面开始制作雪花飘落动画，具体操作如下。

微课视频

创建飘雪动画

（1）新建文档，在文档"属性"面板的"属性"栏中，单击"背景"右侧的色块，将背景色设置为"#006699"，然后以"雪夜"为名进行保存。

（2）选择椭圆工具，按住【Shift】键在舞台中绘制一个圆，选中绘制的圆形，在"属性"面板的"位置和大小"栏中将其高和宽均设置为"10.00"，如图8-36所示。

（3）选中绘制的圆，在其上单击鼠标右键，在弹出的快捷菜单中选择"转换为元件"命令，打开"转换为元件"对话框。在该对话框的"名称"文本框中输入"雪花元件"文本，在"类型"下拉列表中选择"影片剪辑"选项，单击 确定 按钮，如图8-37所示。

图8-36 设置圆形的直径

图8-37 将圆形转换为元件

（4）在舞台中选中圆形，在其"属性"面板中，展开"滤镜"卷展栏，单击卷展栏下方的"添加滤镜"按钮，在弹出的下拉菜单中选择"模糊"选项，添加"模糊"滤镜，将"模糊X"和"模糊Y"均设置为"9像素"。

（5）再次单击"添加滤镜"按钮，在打开的下拉列表中选择"发光"选项，添加"发光"滤镜，将发光颜色设置为白色，如图8-38所示。

（6）选中舞台中添加了滤镜的图形，单击鼠标右键，在弹出的快捷菜单中选择"转换为元件"命令，打开"转换为元件"对话框，在"名称"文本框中输入"雪花"，在"类型"下拉列表中选择"影片剪辑"选项，单击 确定 按钮。

（7）按【Ctrl+F8】组合键打开"创建新元件"对话框，在"名称"文本框中输入"雪花飘落"文本，在"类型"下拉列表中选择"影片剪辑"选项，单击 确定 按钮。

（8）进入"雪花飘落"影片剪辑的元件编辑模式，选择Deco工具，在"属性"面板的"绘制效果"栏中选择"粒子系统"选项，撤销选中"粒子2"前的复选框，在"粒子1"后单击 编辑... 按钮，如图8-39所示，打开"选择元件"对话框。

（9）在中间的列表框中选择"雪花"影片剪辑元件，单击 确定 按钮，即可将"雪花"影片剪辑元件中的图形对象作为粒子系统的发射粒子，如图8-40所示。

（10）返回Deco工具的属性面板，展开"高级选项"卷展栏，将"总长度"设置为"120帧"，"粒子生成"设置为"120帧"，"每帧速率"设置为"1"。

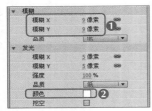

图8-38　添加模糊和发光滤镜

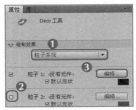

图8-39　选择粒子系统

图8-40　设置粒子系统的发射图形

（11）继续在"高级选项"卷展栏中设置粒子属性，将粒子的"寿命"设置为"120帧"，"初始速度"设置为"5像素"，"初始大小"设置为"80%"，"最小初始方向"设置为"90度"，"最大初始方向"设置为"270度"，"重力"设置为"0像素"，"旋转速率"设置为"1度"，如图8-41所示。

（12）在"雪花飘落"影片剪辑的元件编辑模式下，将鼠标指针移至工作区中，当其变为 形状时，在工作区中单击鼠标右键即可开始创建雪花飘落逐帧动画，完成效果如图8-42所示。

图8-41　设置粒子系统的发射属性

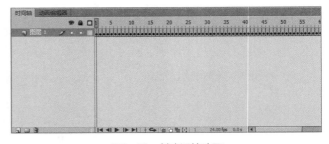

图8-42　创建逐帧动画

8.2.5　制作火焰动画

在Flash CS6中使用Deco工具可轻松制作出逐帧火焰动画，其操作方法同粒子系统的操作方法类似。

1．火焰动画面板

选择Deco工具后，在"绘制效果"栏的下拉列表中选择"火焰动画"选项，即可将面板中的参数转换为与火焰动画相关的参数，如图8-43所示，具体介绍如下。

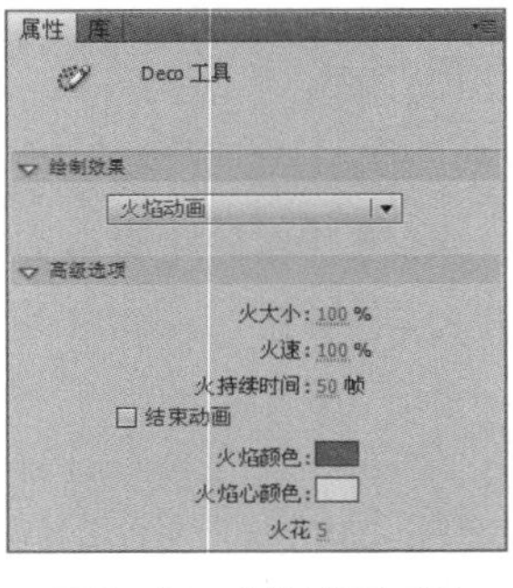

● **火大小**：火焰的宽度和高度，值越高，火焰越大。

● **火速**：动画的速度，值越大，创建的火焰越快。

● **火持续时间**：动画过程中在时间轴中创建的帧数。

● **结束动画**：单击选中 ☑结束动画 复选框可创建火焰燃尽而不是持续燃烧的动画，Flash会在指定的火焰持续时间后添加其他帧以造成烧尽效果。如果要循环播放完成的动画以创建持续燃烧的效果，则需撤销选中 □结束动画 复选框。

图8-43　火焰动画面板

- **火焰颜色**：火苗的颜色。
- **火焰心颜色**：火焰底部的颜色。
- **火花**：火源底部各个火焰的数量。

2．制作火焰动画

下面开始制作火焰动画，具体操作如下。

（1）按【Ctrl+F8】组合键打开"创建新元件"对话框，在"名称"文本框中输入"火焰动画"，设置"类型"为"影片剪辑"，单击 确定 按钮。

微课视频

制作火焰动画

（2）进入"火焰动画"影片剪辑的元件编辑模式，选择Deco工具，在"属性"面板的"绘制效果"栏中选择"火焰动画"选项。

（3）展开"高级选项"栏，设置"火持续时间"为"60帧"，其余保持默认，如图8-44所示。

（4）将鼠标指针移至工作区中，当其变为形状时，单击鼠标左键，系统即可自动创建60帧的火焰逐帧动画，如图8-45所示为创建的火焰动画。

（5）按【Shift】键选中第1帧至第10帧，单击鼠标右键，在弹出的快捷菜单中选择"删除帧"命令，将前10帧中的火焰动画删除。

（6）在时间轴中单击"编辑多个帧"按钮，在帧面板中拖动时间刻度上的大括号，选中第1帧至第50帧，如图8-46所示，使用选择工具将火焰移动到舞台中心位置。

图8-44　设置火焰持续时

图8-45　火焰动画

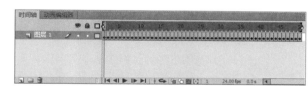

图8-46　编辑多个帧

知识提示

使用拖动而不使用对齐的原因

此处不能使用"对齐"面板进行中心对齐，因为每一帧上的火焰都是由无数个单独的色块组成，使用"对齐"面板或命令会将每一帧中的每个色块都对齐到中心位置。

8.2.6　制作烟动画

选择Deco工具后，还可使用其中的"烟动画"，即通过设置不同的属性参数，创建诸如云雾、水蒸气和烟雾等动画。

1．烟动画面板

"烟动画"的属性面板如图8-47所示，具体介绍如下。

- **烟大小**：烟的宽度和高度，值越高，创建的烟越大。
- **烟速**：动画的速度，值越大，创建的烟越快。
- **烟持续时间**：动画过程中在时间轴中创建的帧数。
- **结束动画**：单击选中 ☑结束动画 复选框可创建烟消散而不是持续冒烟的动画，Flash会在指定的烟持续时间后添加其

图8-47　烟动画的属性面板

他帧以造成消散效果。如果要循环播放完成的动画以创建持续冒烟的效果，则撤销选中 □结束动画 复选框。

- 烟色：烟的颜色。
- 背景色：烟的背景色，烟在消散后更改为此颜色。

2．制作烟动画

下面开始制作烟动画，具体操作如下。

（1）按【Ctrl+F8】组合键打开"创建新元件"对话框，创建一个以"烟雾"为名的影片剪辑元件。

（2）进入该元件的编辑模式，选择Deco工具 ✎，在"属性"面板的"绘制效果"栏中选择"烟动画"选项。

（3）打开"高级选项"栏，设置"烟大小"为"15像素"，单击选中 ☑结束动画 复选框，其余保持不变，如图8-48所示。

（4）将鼠标指针移至工作区中，当其变为 形状时，在舞台的中心位置处单击鼠标左键，系统即可自动创建120帧的烟从开始到结束的动画，如图8-49所示。

图8-48　设置烟动画参数　　　　图8-49　创建烟动画

（5）按【Crtl+F8】组合键打开"创建新元件"对话框，创建名为"文字动画"的影片剪辑元件，并在该影片剪辑元件中创建文字出现时的遮罩动画，如图8-50所示。

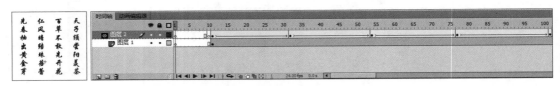

图8-50　创建文字遮罩动画的影片剪辑元件

3．合成最终动画

创建好飘雪动画、火焰动画和烟动画后，即可将其添加到场景中，具体操作如下。

（1）单击工作区左上角的"场景1"按钮 ，返回文档编辑模式，在时间轴中将"图层1"更名为"背景"。

（2）使用矩形工具，在对象绘制模式下绘制一个矩形，选中绘制的矩形，在"属性"面板的"位置和大小"栏中将其"宽"设置为"550.00"，"高"设置为"400.00"，"x"和"y"轴的位置均设置为"0.00"。

（3）在面板组中单击"颜色"按钮 ，打开"颜色"面板，设置背景颜色为"径向渐变"，设置渐变条左侧的颜色为"#CC9966"，右侧为"#666600"，如图8-51所示。

（4）使用渐变变形工具调整渐变的位置和大小，再使用矩形工具绘制与舞台背景同宽的黑色矩形条，将其放置在舞台顶部。按住

图8-51　设置背景色

【Alt】键不放，单击黑色矩形条并拖曳，将其复制一个至舞台底部，如图8-52所示。

（5）在时间轴中单击"新建图层"按钮🔳，新建5个图层，并依次命名为"椅子""文字""火焰""雪"和"蒸汽"，如图8-53所示。

（6）选择【文件】/【导入】/【导入到库】菜单命令，打开"导入到库"对话框，将素材文件夹中的"茶壶.png""花枝.png""炉子.png"和"椅子.png"图片导入到"库"面板中。

（7）在时间轴中选择"椅子"图层的第1帧，将导入的图片放置在舞台中，调整图片的位置和大小，如图8-54所示。

图8-52　绘制背景

图8-53　新建图层

图8-54　设置场景

（8）选择"文字"图层的第1帧，将"库"面板中的"文字动画"影片剪辑元件拖曳到舞台右侧空白位置处。

（9）选择"火焰"图层的第1帧，将"库"面板中的"火焰动画"影片剪辑元件拖曳到炉口的位置处。

（10）选择"蒸汽"图层的第1帧，将"库"面板中的"烟雾"影片剪辑元件拖曳到茶壶嘴上的位置处。

（11）选择"雪"图层的第1帧，将"库"面板中的"雪花飘落"影片剪辑元件拖曳到舞台外部左上角的位置处，如图8-55所示。

（12）按【Ctrl+Enter】组合键测试动画，如图8-56所示，测试无误后按【Ctrl+S】组合键进行保存。

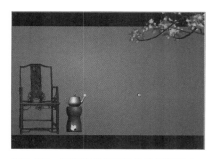

图8-55　将影片剪辑元件拖动到场景中

图8-56　测试动画

8.3　课堂案例：制作游戏场景

老洪让米拉尝试使用骨骼工具制作一个游戏场景动画。老洪告诉米拉，骨骼工具可以很便捷地把符号（Symbol）连接起来，形成父子关系，从而实现反向运动（Inverse Kinematics，IK）。本例主要是制作一个小鸡破壳然后飞行的游戏场景。在制作时，首先创建元件。创建元件后才可为元件创建骨架，也才能调整骨骼动作，从而使小鸡具有飞行的动作。然后设置骨骼属性，最后创建动画。本例完成后的效果如图8-57所示。

素材所在位置	素材文件\第8章\课堂案例\游戏场景\
效果所在位置	效果文件\第8章\课堂案例\游戏场景.fla

"游戏场景"动画
效果

图8-57　游戏场景

8.3.1　认识骨骼动画

骨骼动画也叫反向运动，是使用骨骼关节结构对一个对象或彼此相关的一组对象进行动画处理的方法。使用骨骼后，元件实例和形状对象可按复杂而自然的方式移动。通过骨骼动画可以更加轻松地创建人物动画，如胳膊、腿和面部表情。

在Flash中也可以向单独的元件实例或单个形状的内部添加骨骼。在一个骨骼移动时，与移动骨骼相关的其他连接骨骼也会随之移动。使用骨骼动画进行动画处理时，只需指定对象的开始位置和结束位置。通过骨骼动画，可以使制作的动画运动更加自然。

骨骼又称为骨架。在父子层次结构中，骨架中的骨骼彼此相连；骨架可以是线性的或分支的，源于同一骨骼的骨架分支称为同级；骨骼之间的连接点称为关节。

8.3.2　认识IK反向运动

IK反向运动是依据反向运动学的原理对层次连接后的复合对象进行运动设置，是使用骨骼关节结构对一个对象或彼此相关的一组对象进行动画处理的方法。与正向运动不同，运用IK反向运动系统控制层次末端对象的运动。这时，系统将自动计算此变换对整个层次的影响，并据此完成复杂的复合动画。

要使用IK反向运动，需要对单独的元件实例或单个形状的内部添加骨骼。添加骨骼后，在一个骨骼移动时，与启动运动的骨骼相关的其他连接骨骼也会移动。使用反向运动进行动画处理时，只需指定对象的开始位置和结束位置即可。通过反向运动，可以更加轻松地完成自然运动。在Flash中可以按以下两种方式使用IK反向运动。

● **图像内部**：向形状对象的内部添加骨架。可以在合并绘制模式或对象绘制模式中创建形状。通过骨骼，可以移动形状的各个部分并对其进行动画处理，而无需绘制形状的不同部分或创建补间形状。例如，向简单的蛇图形添加骨骼，使蛇逼真地移动和弯曲。

● **连接实例**：通过添加骨骼将每个实例与其他实例连接在一起，即用关节连接一系列的元件实例。骨骼允许元件实例连在一起移动。例如，有一组影片剪辑，其中的每个影片剪辑都表示人体的不同部分。通过将躯干、上臂、下臂和手连接在一起，可以创建逼真的人体移动效果，还可创建一个分支骨架包括两个胳膊、两条腿和头。

8.3.3　添加骨骼

除了认识如何设置IK反向运动外，还可使用骨骼工具向元件实例和形状添加骨骼。使用绑定工具可以调整形状对象的各个骨骼和控制点之间的关系。下面分别介绍这两个工具的使用方法。

1．骨骼工具

在"属性"面板中选择骨骼工具后，可对元件实例或矢量形状添加骨骼，方法为：为元件实例添加骨骼时，在工具箱中选择骨骼工具，单击要成为骨架的根部或头部的元件实例，然后拖动到单独的元件实例中，将其连接到根实例；在拖动时，将显示骨骼并释放鼠标，在两个元件实例之间将显示实心的骨骼，每个骨骼都具有头部、圆端和尾部（尖端），如图8-58所示；还可继续为骨骼添加其他骨骼，若要添加其他骨骼，可以使用骨骼工具从第一个骨骼的尾部拖动到要添加骨架的下一个元件实例上。鼠标指针在经过现有骨骼的头部或尾部时会发生改变。这时即可按照要创建的父子关系的顺序，将对象与骨骼链接在一起。

图8-58　创建骨骼

除了连接骨骼外，还可在根骨骼上连接多个实例以创建分支骨架。分支可以连接到根骨骼上，但不能直接连接到其他分支。使用骨骼工具单击希望分支的现有骨骼的头部，然后拖动到创建新分支的第一个骨骼上，如图8-59所示。

图8-59　创建分支骨骼

为矢量形状创建骨架时，需要选择全部矢量形状（所有形状必须是一个整体），再选择骨骼工具并在形状内定位，按住鼠标左键不放拖动到矢量形状的其他位置后释放鼠标。此时在单击的点和释放鼠标的点之间将显示一个实心骨骼，如图8-60所示。创建其他骨骼及创建分支骨骼的操作与元件实例的创建方法一样，这里不再赘述。

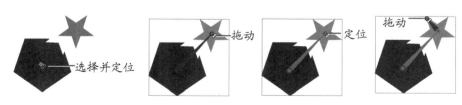

图8-60　创建矢量图形骨骼

2．绑定工具

"骨骼工具"下属的绑定工具![绑定工具图标]，是针对"骨骼工具"为单一矢量形状添加骨骼而使用的（元件实例骨骼不适用）。

在矢量形状中创建好骨骼后，在"属性"面板中选择绑定工具![绑定工具图标]，然后使用绑定工具选择骨骼一端，选中的骨骼将呈红色显示，按住鼠标左键向形状边线控制点移动，若控制点为黄色，拖动过程中会显示一条黄色的线段。当骨骼点与控制点连接后，就完成了绑定连接的操作。除了前面绑定连接外，还可以以单一的骨骼绑定端点，使端点呈方块显示。也可以将多个骨骼绑定单一的端点，端点呈三角显示。

8.3.4　编辑IK骨架和对象

创建骨骼后，还可以对其进行编辑，如选择骨骼和关联对象、删除骨骼、重新调整骨骼和对象的位置。

1．选择骨骼和关联的对象

要编辑骨架和关联的对象，必须先对其进行选择。Flash中常用于选择骨骼和关联对象的方法有以下4种，下面分别进行介绍。

- 选择单个骨骼：使用部分选取工具![部分选取工具图标]单击骨骼即可选择单个骨骼，并且在"属性"面板中将显示骨骼属性，如图8-61所示。
- 选择相邻骨骼：在属性面板中单击"父级"按钮![父级按钮]、"子级"按钮![子级按钮]，可以将所选内容移动到相邻骨骼，如图8-62所示。

图8-61　选择单个骨骼

图8-62　选择相邻骨骼

- 选择骨骼形状：使用部分选取工具![部分选取工具图标]单击骨骼形状，可选择整个骨骼形状。在"属性"面板中将显示骨骼属性，如图8-63所示。
- 选择元件：若要选择连接到骨骼的元件实例，单击该实例即可，并且"属性"面板中将显示实例属性，如图8-64所示。

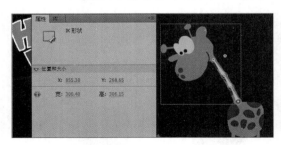

图8-63　选择骨骼形状

图8-64　选择元件

2. 删除骨骼

若要删除单个骨骼及其所有子级，可以单击该骨骼并按【Delete】键；按住【Shift】键可选择多个骨骼进行删除。若要从某个IK形状或元件骨架中删除所有骨骼，可用选择工具 选择该形状或该骨架中的任何元件实例，然后选择【修改】/【分离】菜单命令，删除骨骼后IK形状将还原为正常形状。

3. 重新调整骨骼和对象的位置

在Flash中还可重新对骨骼和对象的位置进行调整，包括骨架、骨架分支、旋转多个骨骼等，下面分别进行介绍。

● 重新定位线性骨架：拖动骨架中的任何骨骼，可以重新定位线性骨架。如果骨架已连接到元件实例，则还可以拖动实例，亦视为对其骨骼旋转实例。

● 重新定位骨架分支：若要重新定位骨架的某个分支，可以拖动该分支中的任何骨骼。该分支中的所有骨骼都将移动，骨架的其他分支中的骨骼不会移动，如图8-65所示。

● 旋转多个骨骼：若要将某个骨骼与其子骨骼一起旋转而不移动父骨骼，需要按住【Shift】键拖动该骨骼，如图8-66所示。

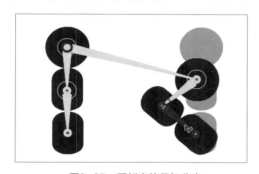

图8-65 重新定位骨架分支

图8-66 旋转多个骨骼

● 移动反向运动形状：若要在舞台上移动反向运动形状，可以选择该形状并在"属性"面板中更改其X和Y属性。

4. 移动骨骼

在修改编辑骨骼的动画时，用户可以移动与骨骼相关联的形状和元件，其移动方法分别介绍如下。

● 移动形状骨骼：若要移动IK形状内骨骼任意一端的位置，需使用部分选取工具 拖动骨骼的一端。

● 移动元件骨骼：若要移动骨骼头部或尾部的位置，可以选择所有实例，在"属性"面板中更改变形点。

8.3.5 处理骨架动画

对骨架进行处理的方式与Flash中其他处理方式不同。对于骨架，只需向姿势图层添加帧并在舞台上重新定位骨架即可创建关键帧。姿势图层中的关键帧称为姿势。由于骨架通常用于动画应用，所以每个姿势图层都将自动充当补间图层。

1. 在时间轴中对骨架进行动画处理

骨架存在于时间轴中的姿势图层上。若要在时间轴中对骨架进行动画处理，需在姿势图层中的帧上单击鼠标右键，在弹出的快捷菜单中选择"插入姿势"命令来插入姿势。下面分别介绍在时间轴中对骨架进行动画处理的4种方法。

- **更改动画的长度**：将姿势图层的最后一个帧向右或向左拖动，以添加或删除帧，如图8-67所示。
- **添加姿势**：将播放头放在要添加姿势的帧上，然后在舞台上重新定位或编辑骨架，如图8-68所示。

图8-67　更改动画的长度

图8-68　添加姿势

- **清除姿势**：在姿势图层的姿势帧处单击鼠标右键，在弹出的快捷菜单中选择"清除姿势"命令，即可清除姿势。
- **复制姿势**：在姿势图层的姿势帧处单击鼠标右键，在弹出的快捷菜单中选择"复制姿势"命令，即可复制姿势。

2．将骨架转换为影片剪辑或图形元件

将骨架转换为影片剪辑或图形元件，可以实现其他补间效果。若要将补间效果应用于除骨骼位置之外反向运动的对象，那该对象必须包含在影片剪辑或图形元件中。

如果是IK形状，只需单击该形状即可。如果是链接的元件实例集，可以在时间轴中单击骨架图层选择所有的骨骼，然后在所选择的内容上单击鼠标右键，再在弹出的快捷菜单中选择"转换为元件"命令，最后在"转化为元件"对话框中输入元件的名称并选择元件类型。

8.3.6　编辑IK动画属性

在IK反向运动中，可以通过调整IK运动约束来实现更加逼真的动画效果。若要使IK骨架动画的效果更加逼真，可限制特定骨骼的运动自由度，如可约束胳膊间的两个骨骼，以便肘部无法按错误的方向弯曲。具体的设置项如下。

- **启用X或y轴移动**：选择骨骼后，在"属性"面板的"连接:X平移"或"连接:Y平移"栏中单击选中 ☑启用 复选框和 ☑约束 复选框，然后设置最小值与最大值，即可限制骨骼在x及y轴方向上的活动距离。
- **约束骨骼的旋转**：选择骨骼后，在"属性"面板的"旋转"栏中单击选中 ☑启用 复选框和 ☑约束 复选框，然后设置最小角度与最大角度值，即可限制骨骼旋转角度。
- **限制骨骼的运动速度**：选择骨骼后，在"属性"面板"位置"栏的"速度"数值框中输入一个值，可限制运动速度。

8.3.7 制作游戏场景骨骼动画

下面将讲解制作游戏场景的方法，具体操作如下。

（1）新建一个尺寸为1200×750像素，颜色为"#339999"的空白动画文档，将"游戏背景"文件夹中的所有文件导入到库中。从"库"面板将"背景.jpg"图像移动到舞台中间。

微课视频

制作游戏场景骨骼动画

（2）选择【插入】/【新建元件】菜单命令，打开"创建新元件"对话框，在其中设置"名称""类型"分别为"角色动作""影片剪辑"，单击 确定 按钮，如图8-69所示。

（3）从"库"面板中将"翅膀.png、腿.png、尾巴.png、身体.png、喇叭.png"图像拖动到舞台上。缩放大小，调整各图像位置，使其组成小鸟的形状，如图8-70所示。

图8-69 新建影片剪辑

图8-70 组合对象

（4）选择"身体.png"图像，按【F8】键。打开"转换为元件"对话框，在其中设置"名称""类型"分别为"身体""图形"，单击 确定 按钮。使用相同的方法，将"翅膀.png""腿.png""尾巴.png""喇叭.png"图像等都转换为元件，并以图像名称命名，如图8-71所示。

（5）选择所有的元件，选择骨骼工具 ，使用鼠标在元件上拖动绘制骨骼，如图8-72所示。

（6）选择第30帧，按【F6】键，插入姿势。使用选择工具 调整骨架位置。在第60帧插入姿势，并调整其位置，如图8-73所示。

图8-71 转换为元件

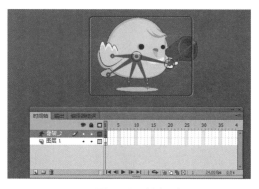

图8-72 创建骨架

（7）由于右翅膀移动得太夸张，所以需要对骨骼进行约束。选择连着右翅膀的骨骼。打开"属性"面板，在"联接：X平移"栏中单击选中 启用 和 约束 复选框，设置"最小""最大"分别为"−32.0""3.0"。在"联接：Y平移"栏中单击选中 启用 和 约束 复选框，设置"最小""最大"分别为"−16.1""21.0"，如图8-74所示。

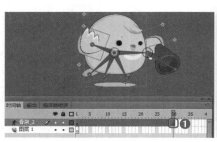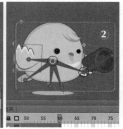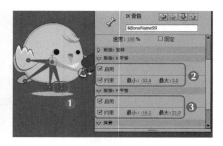

图8-73　调整骨骼动作　　　　　　　　　　　　　　图8-74　为骨骼设置约束

（8）选择姿势图层，打开"属性"面板，在其中设置"类型"为"简单（最快）"，如图8-75所示。

（9）返回主场景，在第120帧插入关键帧。新建"图层2"，选择第1帧，将"鸡蛋1.png"图像移动到舞台左下角，并调整其大小，在第8帧插入关键帧，如图8-76所示。

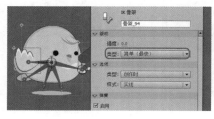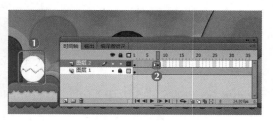

图8-75　设置缓动类型　　　　　　　　　　　　　　图8-76　编辑图像

（10）在第9帧插入关键帧，并单击"绘图纸外观"按钮，将"鸡蛋2.png""鸡蛋3.png"图像移动到舞台上的同时缩放大小，并与第8帧的图形重叠起来，如图8-77所示。

（11）选择"鸡蛋3.png"图像，按【F8】键，打开"转换为元件"对话框，在其中设置"名称""类型"分别为"蛋壳""图形"，单击 确定 按钮，如图8-78所示。

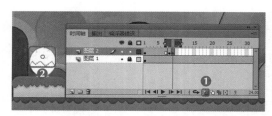

图8-77　编辑第9帧　　　　　　　　　　　　　　　图8-78　设置类型和名称

（12）在舞台上选择"蛋壳"元件，选择【插入】/【补间动画】菜单命令。新建"图层3"，单击"绘图纸外观"按钮，关闭绘图纸功能，在第20帧插入关键帧，将"蛋壳"元件翻转后移动到地面上，在"图层2"的第20帧插入关键帧，如图8-79所示。

（13）在"图层2"的第21帧插入关键帧。从"库"面板中将"鸡蛋3.png""鸡蛋4.png"图像移动到舞台中，缩放大小并与上一帧中的蛋壳位置重合。在第20帧插入关键帧，如图8-80所示。

（14）在"图层1"上方新建"图层4"，在第21帧插入空白关键帧。从"库"面板中将"角色动作"元件移动到舞台中左边的蛋壳中，并缩放大小。选择【插入】/【补间动画】菜单命令，插入补间动画。在第50帧插入属性关键帧，将小鸡移动到地面上，如图8-81所示。

图8-79 插入关键帧

图8-80 设置蛋壳位置重合

（15）分别在"图层4"的第65、72、100、114帧插入属性关键帧，并移动小鸡的位置。使用选择工具 调整补间路径。

（16）在"时间轴"面板中将"帧率"设置为"12.00fps"。双击"角色动作"元件，进入元件编辑窗口。在时间轴上，使用鼠标拖动第60帧，向第24帧移动，如图8-82所示。保存文档，按【Ctrl+Enter】组合键测试播放效果。

图8-81 创建补间动画

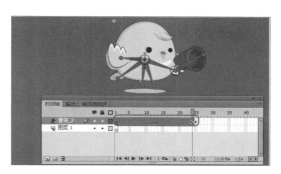

图8-82 调整骨骼动画长度

8.4 项目实训

8.4.1 制作"新年快乐"动画

1．实训目标

本实训的目标是使用Flash制作新年电子贺卡。在制作时，可选用符合新年的红色，还应注意为文档配色，以达到赏心悦目的效果，完成后为文档制作烟花和礼花，使电子文档看起来充满活力。本实训完成后的效果如图8-83所示。

图8-83 "新年快乐"动画效果

微课视频

制作"新年快乐"动画

效果所在位置 效果文件\第8章\项目实训\新年快乐.fla

2. 专业背景

随着网络的发展，越来越多的人在过节时选择为朋友和家人发送一封电子贺卡，在快速传达自己的心意、使家人与自己的联系更加紧密的同时，省时省力。现在网络上也有许多免费制作电子贺卡的网站，即使没有任何美学基础，也可制作出让人满意的作品。

3. 操作思路

完成本实训主要包括制作礼花元件和烟花元件、在主场景中添加制作的元件，然后进行合成等三大步操作，操作思路如图8-84所示。

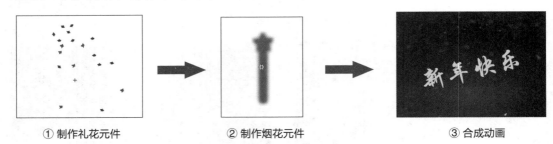

① 制作礼花元件　　　　② 制作烟花元件　　　　③ 合成动画

图8-84 "新年快乐"文档的操作思路

【步骤提示】

（1）新建AS3.0文档，按【Ctrl+F8】组合键，在打开的对话框中新建"纸片1"和"纸片2"影片剪辑元件，然后使用矩形工具绘制矩形，并填充不同的颜色。

（2）选择任意变形工具，在工具栏中激活"封套"选项，通过调整图形周围的贝塞尔控制点，将矩形调整成纸片的形状。

（3）新建"礼花"影片剪辑元件，选择Deco工具，在"属性"面板中设置："绘制效果"为"粒子系统"，"粒子1"为"纸片1"，"粒子2"为"纸片2"，"总长度"为"120帧"，"粒子生成"为"80帧"，"每帧速率"为"1"，"寿命"为"120帧"，"初始速度"为"20像素"，"初始大小"为"10%"，"最小初始方向"为"-45°"，"最大初始方向"为"90°"，"重力"为"1像素"，"旋转速率"为"0度"。

（4）在"礼花"影片剪辑的元件编辑模式下，在工作区中单击鼠标左键，创建礼花效果。

（5）新建"烟花1"影片剪辑元件，在其中绘制元素，再将该元素转换为"烟花2"和"烟花3"影片剪辑元件，对其设置滤镜效果。

（6）新建"烟花"影片剪辑元件，使用Deco工具，在其"属性"面板中设置："绘制效果"为"粒子系统"，"粒子1"为"烟花2"，"粒子2"为"烟花3"，"总长度"为"24帧"，"粒子生成"为"11帧"，"每帧速率"为"5"，"寿命"为"24帧"，"初始速度"为"67像素"，"初始大小"为"10%"，"最小初始方向"为"-180°"，"最大初始方向"为"180°"，"重力"为"1像素"，"旋转速率"为"0度"。然后在元件编辑模式下单击鼠标创建烟花效果。

（7）返回主场景中，将"图层1"更名为"背景"，使用矩形工具和"颜色"面板设置背景颜色，新建3个图层，依次命名为"礼花""烟花"和"文字"。

（8）同时选择每个图层的120帧，按【F5】键插入帧，然后将"礼花"和"烟花"影片剪辑元件依次拖曳到相应的图层中。在"文字"图层中使用文本工具输入"新年快乐"文本，按【Ctrl+B】组合键将其打散，渐入和旋转补间动画即可。

8.4.2　制作皮影戏动画

1．实训目标

本任务将制作皮影戏的效果。皮影戏是通过一支架和线来控制人物的运动，下面利用骨架制作皮影戏。制作拉开幕布然后演员出场的效果，首先需要导入素材创建元件，然后为皮影创建骨骼，创建完成后，将模仿真实生活中皮影的效果，调整骨骼，使皮影做一系列动作。本实训完成后的参考效果如图8-85所示。

微课视频

制作皮影戏动画

素材所在位置　素材文件\第8章\项目实训\皮影\
效果所在位置　效果文件\第8章\项目实训\皮影戏.fla

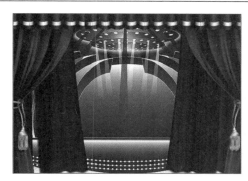

图8-85　皮影戏效果

2．专业背景

骨骼动画的骨骼二字，形象地表明了这种动画的性质是通过对目标添加骨骼、通过骨骼的运动从而带动全身的运动。使用这种动画的好处便是可以牵一发而动全身，使整个动画看起来更形象自然。这也是现在动画行业在很多地方使用骨骼动画的原因。

除了骨骼动画外，还有一种顶点动画的模型动画。在顶点动画中，每帧动画其实就是模型特定姿态的一个"快照"，通过在帧之间插值的方法，从而得到平滑的动画效果。与之相比，骨骼动画对处理器性能要求更高，但同时它也具有更多的优点，比如骨骼动画可以更容易、更快捷地创建流畅的动画效果。

3．操作思路

完成本实训首先需导入素材并进行组合，然后添加骨骼，再调整骨骼动作，最后在制作谢幕时鞠躬的动作，操作思路如图8-86所示。

【步骤提示】

（1）启动Flash，打开"舞台.fla"文档，可以看见在该文档中已经包含了3个图层，并且在"图层2"中添加了一个包含幕布拉开的动画。

（2）为"图层1"添加足够长的帧，使其在之后的制作过程中一直将舞台背景显示出来，然后"在图层1"的上方新建"图层4"，并在该图层的第80帧处添加一个空白关键帧。

（3）将"皮影"文件夹中所包含的图像分别导入文档中，并分别新建不同的影片剪辑元件，然后在"图层4"的第80帧中，将这些皮影元件在场景中组合成一个完整的皮影人物。

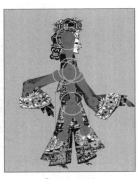

① 添加骨骼

② 调整骨骼动作

③ 调整鞠躬动作

图8-86　皮影戏的操作思路

（4）将皮影组合完成后，适当缩小皮影的大小。这里将皮影的宽设置为"128.9"像素，将皮影的高设置为"164.9"像素，完成大小的设置后，将其移动到舞台的左侧。这里将其移动到X值为"-200"、Y值为"180"的地方。

（5）选择骨骼工具，将鼠标光标移动至皮影的头部，然后按住鼠标左键不放向躯干进行拖动，创建第一条骨骼。

（6）继续使用骨骼工具，从躯干出发，依次连接左右手，然后再连接腿和脚，完成骨骼的创建。

（7）选择包含了骨架动画的"骨架_2"图层中的第120帧，按【F5】添加帧，然后使用任意变形工具选择皮影的所有元件，最后将所选择的皮影通过拖动的方式，移动到舞台的中心，如图9-39所示。

（8）选择"图层4"的第90帧，使用选择工具分别选择皮影的手和脚，并分别进行移动。

（9）使用相同的方法，分别选择第100和110帧，并分别调整皮影的动作，使皮影出现一个比较流畅的走路动作，完成皮影走入进场的动画。

（10）完成以上操作后，继续在"骨架_2"图层的第145帧处，按【F5】键，添加帧，然后再对该帧中的皮影的动作进行调整，使其弯腰。

（11）此时已经完成了皮影的入场和鞠躬的动画。为了使舞台的幕布能够完整地在最终效果中呈现，这里选择包含幕布的"图层2"和"图层3"的第145帧，按【F5】键添加帧，按【Ctrl+Enter】组合键，测试动画。

8.5　课后练习

本章主要介绍了视觉特效和骨骼动画的制作方法，包括Deco工具中粒子系统的选择、粒子系统中各参数的意义和设置、飘雪动画的制作、火焰动画的制作、烟雾动画的制作、反向运动的概念和骨骼工具的使用等知识。对于本章的内容，读者应认真学习和掌握，为以后制作人物动画打下良好的基础。

练习1：制作立定跳远动画

本例将制作立定跳远动画。制作时，首先绘制圆和圆角矩形，制作一个类似人形的元件，然后对绘制的元件创建骨骼，最后添加动作。制作后的效果如图8-87所示。

微课视频

制作立定跳远动画

效果所在位置 效果文件\第8章\课后练习\立定跳远.fla

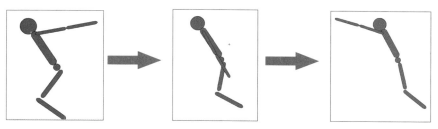

图8-87 "立定跳远"动画效果

操作要求如下。

- 新建文档，创建"圆"和"圆角矩形"影片剪辑元件，使用椭圆工具和矩形工具分别在其中绘制圆形和圆角矩形。
- 新建"立定跳远"影片剪辑文档，将"圆"和"圆角矩形"元件拖曳到其中，创建一个火柴人，并使用骨骼工具添加骨骼，最后创建骨骼动画即可。

练习2：制作3D旋转相册动画

本练习将制作一个3D旋转的电子相册，主要是使用3D旋转工具和3D平移工具，来达到现实生活中一张张照片旋转的效果，最后为其添加动画。制作后的效果如图8-88所示。

微课视频
制作3D旋转相册动画

 素材所在位置 素材文件\第8章\课后练习\旋转相册\
效果所在位置 效果文件\第8章\课后练习\旋转相册.fla

图8-88 制作3D旋转效果

操作要求如下。

- 选择【文件】/【导入】/【导入到舞台】菜单命令，将素材导入到舞台。
- 创建"猫1"元件的实例，然后在图层1的第20帧处按【F5】键，添加普通帧，最后为图层1添加补间动画。
- 选择图层1的第20帧，然后选择3D旋转工具 再选择场景中的实例，最后在出现的3D控件上，拖动y轴使图像旋转90°。

- 新建"图层2"图层，选择"图层2"中的第21帧，按【F6】键添加关键帧，并在该帧上创建"猫2"元件的实例，然后选择3D旋转工具，再选择场景中的实例，最后在出现的3D控件上拖动 y 轴，使图像旋转90°。
- 选择图层2的第60帧，按【F5】键添加普通帧，然后为图层2的第21帧~第60帧添加补间动画。选择3D旋转工具，再选择场景中的实例，最后在出现的3D控件上拖动 y 轴，使图像旋转180°。
- 新建"图层3"图层，并在"图层3"的第61帧添加关键帧，然后在场景中添加"猫1"元件的实例，然后选择3D旋转工具，再选择场景中的实例。最后在出现的3D控件上拖动 y 轴，使图像旋转90°。
- 选择"图层3"的第80帧，按【F5】键添加普通帧，然后为"图层3"的第61帧到第80帧添加补间动画，然后选择3D旋转工具，再选择场景中的实例，最后在出现的3D控件上拖动 y 轴，使图像旋转90°，完成旋转相册动画的制作。

8.6 技巧提升

1．IK骨架和IK骨骼的区别

当在时间轴中选中其中的帧或帧序列时，出现的会是"IK骨架"面板。该面板主要控制整个骨架的属性。当在工作区中选中了某个或多个骨骼，出现的会是"IK骨骼"面板。该面板主要对选中的骨架添加约束条件

2．创建骨架时位置不正确怎么办

骨架的位置比较重要，如果创建的骨架位置不正确，可以选择任意变形工具调整中心点的位置来调整骨架的位置或者删除骨架后重新创建骨架。

3．使用Deco工具为何不能填充满整个舞台

如果绘制的叶于花影片剪辑元件图形太大，在使用Deco工具进行填充时，常常只能得到一个或很少的分支图像而无法填满整个舞台，此时应修改叶及花影片剪辑元件图形的大小，然后再进行填充。

4．弹簧值和阻尼

在创建了骨架后，还可以为骨架添加弹簧值。添加了弹簧值，会自动实现像弹簧一样的动画效果，使动画效果具有更真实的物理移动效果，其添加方法是：在场景中选择骨骼后，打开"属性"面板，在"弹簧"栏中设置"强度"，另外在"强度"值的后面还可设置"阻尼"值。

阻尼是指弹簧效果随着时间减弱的程度，阻尼值越大，减弱的速度越快。比如，为一个红旗的飘动添加弹簧值后，若不添加阻尼，红旗会一直飘动。此时就需添加阻尼，使红旗上的弹簧效果随时间减弱。

CHAPTER 9

使用ActionScript脚本

情景导入

经过这段时间的学习，米拉已经能独立完整地制作各种类型的动画。现在她准备开始学习脚本的使用。

学习目标

● 掌握设置"立方体"文档的控制属性的方法

　　掌握ActionScript、动作面板的使用和脚本的输入方法、为影片添加控制属性等知识。

● 掌握制作"电子时钟"动画文档的方法

　　掌握常用时间获取语句，添加按钮并设置开始播放的方法，以及制作电子时钟并获取当前系统时间等知识。

案例展示

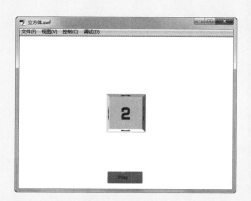

▲设置"立方体"文档的控制属性

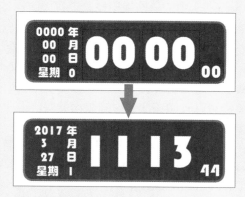

▲制作"电子时钟"动画文档

9.1 课堂案例：设置"立方体"文档的控制属性

老洪让米拉为一个制作好的Flash文件制作控制按钮，并为控制按钮添加脚本，使Flash在播放时，可通过按钮进行控制。要完成本任务，首先需要了解ActionScript脚本的使用。制作时，先打开制作好的文件。由于需要通过按钮进行控制，所以需要新建按钮元件。然后输入脚本，以达到单击按钮进行播放的效果。本例完成后的效果如图9-1所示。

素材所在位置 素材文件\第9章\课堂案例\立方体\
效果所在位置 效果文件\第9章\课堂案例\立方体.fla

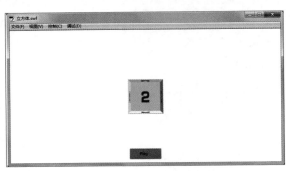

扫一扫

"立方体"动画播放
控制效果

图9-1 "立方体"文档最终设置效果

9.1.1 认识ActionScript

ActionScript是一种面向对象的编程语言，符合ECMA-262脚本语言规范，是在Flash影片中实现交互功能的重要组成部分，也是Flash优于其他动画制作软件的主要因素。使用ActionScript可向应用程序中添加交互语言，应用程序可以是简单的SWF动画文件，也可以是功能丰富的Internet应用程序。

随着功能的增加，ActionScript 3.0的编辑功能更加强大，编辑出的脚本也更加稳定、完善，同时还引入了一些新的语言元素，可以以更加标准的方式实施面向对象的编程。这些语言元素使核心动作脚本语言能力得到了显著增强。在学习ActionScript 3.0语句之前，先要对ActionScript 3.0中的一些编程概念进行了解。

1．变量与常量

变量在ActionScript 3.0中主要用来存储数值、字符串、对象、逻辑值，以及动画片段等信息。在 ActionScript 3.0 中，一个变量实际上包含3个不同部分。

● 变量的名称。
● 可以存储在变量中的数据类型。
● 存储在计算机内存中的实际值。

在 ActionScript中，若要创建一个变量（称为声明变量），应使用var语句，格式如下。

var value1:Number;

或var value1:Numbe=4r;

在将一个影片剪辑元件、按钮元件或文本字段放置在舞台上时，可以在属性检查器中为它指定一个实例名称。Flash将自动在后台创建与实例同名的变量。

变量名可以为单个字母，也可以是一个单词或几个单词所构成的字符串。在ActionScript 3.0中，变量的命名规则主要包括以下4点。

- **包含字符**：变量名中不能有空格和特殊符号，但可以使用英文和数字。
- **唯一性**：在一个动画中变量名必须是唯一的，不能在同一范围内为两个变量指定同一变量名。
- **非关键字**：变量名不能是关键字、ActionScript文本或ActionScript的元素，如true、false、null或undefined等。
- **大小写区分**：变量名区分大小写，当变量名中出现一个新单词时，新单词的第一个字母要大写。

常量类似于变量，它是使用指定的数据类型表示计算机内存中值的名称。不同之处在于，在ActionScript应用程序运行期间只能为常量赋值一次。一旦为某个常量赋值之后，该常量的值在整个应用程序运行期间都保持不变。声明常量的语法与声明变量的语法唯一的不同之处在于，前者需要使用关键字const，而不是关键字 var，具体实例如下。

const value2:Number = 3;

2．数据类型

在ActionScript中可将变量的数据类型分为"简单"和"复杂"两种。"简单"数据类型表示单条信息，如单个数字或单个文本序列。常用的"简单"数据类型如下。

- **String**：一个文本值，如一个名称或书中某一章的文字。
- **Numeric**：对于Numeric型数据，ActionScript 3.0包含3种特定的数据类型，其中，Number表示任何数值，包括有小数部分或没有小数部分的值；Int表示一个整数（不带小数部分）；Uint表示一个"无符号"整数，即不能为负数。
- **Boolean**：一个true或false值，如开关是否开启或两个值是否相等。

ActionScript中定义的大部分数据类型都可以被描述为"复杂"数据类型，因为它们表示组合在一起的一组值。大部分内置数据类型，以及程序员定义的数据类型都是复杂的数据类型。下面列出一些复杂数据类型。

- **MovieClip**：影片剪辑元件。
- **TextField**：动态文本字段或输入文本字段。
- **SimpleButton**：按钮元件。
- **Date**：有关时间的某个片刻的信息（日期和时间）。

3．处理对象

Flash舞台中的实例图形都是ActionScript中的对象。在ActionScript面向对象的编辑中，任何类型都可以包含以下3种特征。

- **属性**：是对象的基本特性，如影片剪辑元件的位置、大小和透明度等，表示某个对象中绑定在一起的若干数据块中的一个，具体实例如下。

angle.x=50;

// 将名为 angle 的影片剪辑元件移动到 x 坐标为 50 像素的地方

- **方法**：是指可由对象执行的操作。若在Flash中使用时间轴上的关键帧和基本动画语句制作了影片剪辑元件，则可播放或停止该影片剪辑，或指示它将播放头移动到特定的帧上，具体实例如下。

longFilm.play();

// 指示名为 longFilm 的影片剪辑元件开始播放

- **事件**：是确定计算机执行哪些指令以及何时执行的机制。"事件"本质上就是所发生的、ActionScript能够识别并响应的事情。许多事件与用户交互动作有关，如用户单击按钮，或按键盘上的键等。

无论编写怎样的事件处理代码，都会包括事件源、事件和响应 3 个元素，其中，事件源就是发生事件的对象，也称为"事件目标"；事件是将要发生的事情，有时一个对象会触发多个事件，读者要注意识别；响应是指当事件发生时，执行的操作。

编写事件代码时，要遵循以下的基本结构。

function eventResponse(eventObject:EventType):void

{

// 响应事件而执行的动作。

}

eventSource.addEventListener(EventType.EVENT_NAME, eventResponse);

在此结构中，eventResponse、eventObject:EventType、eventSource 和 EventType.EVENT_NAME 表示的是占位符，可根据实际情况进行改变。上述基本结构中，首先定义了一个函数，这是指定为响应事件而要执行的动作的方法，其次调用源对象的 addEventListener() 方法，表示当事件发生时，执行该函数的动作。所有具有事件的对象都具有 addEventListener() 方法，从上面可以看到，它有两个参数：第一个参数是响应特定事件的名称 EventType.EVENT_NAME；第二个参数是事件响应函数的名称 eventResponse。

4．基本的语言和语法

使用ActionScript语句，还需要先了解一些ActionScript的基本语法规则。下面对这些基本的语法规则进行介绍。

- **区分大小写**：这是用于变量的命名的基本语法。在ActionScript 3.0中，不仅变量遵循该规则，各种关键字也需要区分大小写。若大小写不同，则被认为是不同的关键字。若输入不正确，则无法被识别。
- **点语法**：点"."用于指定对象的相关属性和方法，并标识指向的动画对象、变量或函数的目标路径，具体实例如下。

square.x=100;

//将实例名称为square的实例移动到X坐标为100像素处

square.rotation=triangle.rotation;

/*使用rotation属性旋转名为square的影片剪辑，以便与名为triangle的影片剪辑的旋转相匹配*/

- **分号**：分号";"一般用于终止语句，如果在编写程序时省略了分号，则编译器将假设每一行代码代表一条语句。
- **括号**：括号分为大括号{}和小括号()两种，其中，大括号用于将代码分成不同的块或定义函数；而小括号通常用于放置使用动作时的参数、定义一个函数，以及对函数进行调用等，也可用于改变ActionScript语句的优先级。
- **注释**：在ActionScript语句的编辑过程中，为了便于语句的阅读和理解，可为相应的语句添加注释。注释通常包括单行注释和多行注释两种，其中，单行注释以两个正斜杠字符"//"开头并持续到该行的末尾；多行注释以一个正斜杠和一个星号

"/*"开头，以一个星号和一个正斜杠"*/"结尾。

● 关键字：在ActionScript 3.0中，具有特殊含义且供ActionScript语言调用的特定单词，被称为关键字。除了用户自定义的关键字外，在ActionScript 3.0中还有保留的关键字，主要包括词汇关键字、句法关键字和供将来使用的保留字等3种。用户在定义变量、函数及标签等的名字时，不能使用ActionScript 3.0这些保留的关键字。

9.1.2 为影片添加控制属性

对ActionScript脚本语言的基础进行了解后，即可对影片添加属性控制。用户可在时间轴中选择需要添加脚本的帧，然后选择【窗口】/【动作】菜单命令，或按【F9】键打开"动作－帧"面板，在其中添加脚本。

1．认识"动作－帧"面板

在该面板中可以查看所有添加的脚本，如图9-2所示，具体介绍如下。

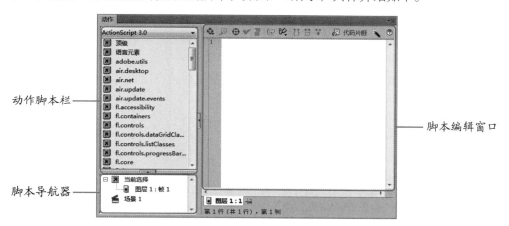

图9-2 "动作 — 帧"面板

● 动作脚本栏：列出了各种动作脚本，可通过双击或拖曳的方式从中调用动作脚本。
● 脚本导航器：将FLA文件结构可视化，在这里可以选择动作的对象，快速地为该对象添加动作脚本。
● 脚本窗口：用于添加和编辑动作脚本，是"动作－帧"面板中最重要的部分。

在"脚本窗口"上方还有一排工具按钮，通过这些按钮可帮助读者快速添加脚本。当在"脚本窗口"中输入脚本时，将激活所有的按钮，各工具按钮的作用介绍如下。

● "将新项目添加到脚本中"按钮🔧：单击该按钮可弹出下拉菜单，在对应的子菜单中进行选择，即可将需要的ActionScript语句插入到脚本窗口中。
● "查找"按钮🔍：可对脚本编辑栏中的动作脚本内容进行查找并替换。
● "插入目标路径"按钮⊕：单击可打开"插入目标路径"对话框，在其中进行相应设置并选择对象，可在语句中插入该对象的路径。
● "语法检查"按钮✔：检查当前脚本语句的语法是否正确，如果语法有错误将在输出窗口中提示出现错误的位置和错误的数量等信息。
● "自动套用格式"按钮▤：单击该按钮可使当前语句自动套用标准的格式，实现正确的编码语法和更好的可读性。
● "显示代码提示"按钮▣：将鼠标光标定位到语句的小括号中，单击该按钮可显示该语句的语法格式和相关的提示信息。

- "调试选项"按钮：单击该按钮在弹出下拉菜单中，选择对应的命令可实现断点的切换或删除断点，以便在调试时可以逐行执行语言。
- "折叠成对大括号"按钮：单击该按钮可对成对大括号中的语句进行折叠。
- "折叠所选"按钮：折叠当前所选的代码块。
- "展开全部"按钮：展开当前脚本中所有折叠的代码。
- "代码片段"按钮 代码片段：单击可打开"代码片段"面板，其中包含一些常用代码的预设效果。
- "通过从'动作'工具箱选择项目来编写脚本"按钮：单击该按钮可开启或关闭脚本助手模式。
- "脚本帮助"按钮：单击该按钮将打开"帮助"面板，若鼠标光标定位在语句中再单击该按钮，将显示该语句的帮助信息。

2．设置动画播放

微课视频

设置动画播放

下面通过在"立方体.fla"文件中设置播放控制属性，来讲解ActionScript 3.0的脚本编程，具体操作如下。

（1）启动Flash CS6，按【Ctrl+O】组合键打开"打开"对话框，在其中选择"立方体.fla"文件，单击 打开(O) 按钮将其打开。

（2）在时间轴中单击"新建图层"按钮，在最上一层新建一个图层，并将该图层重命名为"buttons"。

（3）在时间轴中单击"新建图层"按钮，再在最上一层新建一个图层，并将该图层重命名为"actions"，如图9-3所示。

（4）在时间轴中将除"buttons"图层和"actions"图层的其他图层全部锁定，选择【文件】/【导入】/【导入到库】菜单命令，将素材文件夹中的"button_a1.png""button_a2.png"和"button_a3.png"图片导入到"库"面板中。

（5）按【Ctrl+F8】组合键打开"创建新元件"对话框，创建名为"button"的按钮元件，如图9-4所示。

（6）进入"button"按钮元件的编辑模式，在时间轴中选择第1帧"弹起"，将"button_a1.png"图片从库中拖曳到工作区中，如图9-5所示。

图9-3　新建图层

图9-4　创建按钮元件

图9-5　设置"弹起"帧

（7）在面板组单击"对齐"按钮，打开"对齐"面板，在其中单击选中 与舞台对齐 复选框，然后在"对齐"栏分别单击"水平中齐"按钮和"垂直中齐"按钮进行对齐。

（8）选择第2帧"指针"，按【F7】键插入空白关键帧，将"button_a2.png"图片从库中拖曳到工作区中，然后在"对齐"面板中单击"水平中齐"按钮和"垂直中齐"按钮进行对齐。

（9）选择第3帧"按下"，按【F7】键插入空白关键帧，将"button_a3.png"图片从库中拖曳到工作区中，然后在"对齐"面板中单击"水平中齐"按钮 和"垂直中齐"按钮 进行对齐。

（10）选择第4帧"点击"，按【F7】键插入空白关键帧，将"button_a1.png"图片从库中拖曳到工作区中，然后在"对齐"面板中单击"水平中齐"按钮 和"垂直中齐"按钮 进行对齐，时间轴效果如图9-6所示。

（11）单击工作区上方的"返回"按钮 ，返回场景中，在时间轴的"buttons"图层上选择第1帧，将"库"面板中的"button"按钮元件拖曳到舞台上，如图9-7所示。

图9-6 在按钮元件各帧中放置图形

图9-7 将按钮元件拖曳到舞台中

（12）在舞台上选择"button"按钮实例，在其"属性"面板中将其"实例名称"更改为"greenbutton"，如图9-8所示。

（13）在"actions"图层中选择第1帧，选择【窗口】/【动作】菜单命令，打开"动作-帧"面板，在脚本窗口中输入代码"stop();"，如图9-9所示，表示在进入第1帧时即停止播放。

使用英文状态输入脚本内容

在"动作 - 帧"面板中，必须在英文状态下输入脚本代码，否则将会出错，导致无法运行。

图9-8 更改实例名称

图9-9 使文档在播放时停止在第1帧

（14）在"stop();"代码末尾处按两次【Enter】键，跳到下下一行，输入如图9-10所示的代码，此代码是定义一个名为startMovie()的函数。调用startMovie()时，该函数会使主时间轴开始播放。

（15）再按【Enter】键，跳到下一行空行，输入如图9-11所示的代码。此代码行是将startMovie()函数注册为"greenbutton"的click事件的侦听器，也就是说只要单击名为"greenbutton"的按钮，则会调用startMovie()函数。

图9-10　定义startMovie()函数　　　　　　　图9-11　添加时间侦听器

（16）单击脚本窗口栏上的"语法检查"按钮☑，检查语法，若语法出现错误，会在"时间轴"的位置出现一个"编译器错误"面板，在其中将列出出错的原因和位置。

（17）检查无误后，按【Ctrl+Enter】组合键进行测试，无误后选择【文件】/【另存为】菜单命令，将其另存到需要的位置即可。

9.2　课堂案例：制作"电子时钟"动画文档

米拉接到的新任务是制作一个与计算机系统时间同步的电子时钟。在制作时，首先绘制主场景中的矩形，即时钟的显示场所，然后创建时钟中的点，并为其创建闪烁动画，再创建静态的文本，最后创建动态的文本并输入脚本，使其显示当前时间和日期。本例的参考效果如图9-12所示。

效果所在位置　效果文件\第9章\课堂案例\电子时钟.fla

图9-12　"电子时钟"动画文档最终效果

扫一扫

"电子时钟"动画效果

9.2.1　常用时间获取语句

在Flash动画中使用时间获取语句，可对计算机中的系统时间进行提取，利用提取的时间可制作电子时钟等与时间相关的效果。

1．getHours语句

getHours语句用于获取系统时间并返回指定Date对象的小时值（0至23之间的整数），语法格式如下。

function getHours():Number

若要获取计算机系统当前的小时值，并将该小时值赋值给xiaoshi变量，只需在关键帧中添加如下语句。

var time:Date = new Date();

var xiaoshi= time.getHours();

2．getMinutes语句

getMinutes语句用于获取系统时间并返回Date对象的分钟值（0至59之间的整数），语法格式如下。

function getMinutes():Number

若要获取计算机系统当前的分钟值，并将该分钟值赋值给fenzhong变量，只需在关键帧中添加如下语句。

var time:Date = new Date();

var fenzhong= time.getMinutes();

3．getSeconds语句

getSeconds语句用于获取系统时间，并返回Date对象的秒钟值（0至59之间的整数），语法格式如下。

function getSeconds():Number

若要获取计算机系统当前的秒钟值，并将该秒钟值赋值给miaozhong变量，只需在关键帧中添加如下语句。

var time:Date = new Date();

var miaozhong= time.getSeconds();

4．getMilliSeconds语句

getMilliSeconds语句用于获取系统时间，并返回指定Date对象的毫秒值（0至999之间的整数），语法格式如下。

function getMilliSeconds():Number

若要获取计算机系统当前的毫秒值，并将该毫秒值赋值给haomiao变量，只需在关键帧中添加如下语句。

var time:Date = new Date();

var haomiao= time.getMilliSeconds();

5．getDate语句

getDate语句用于获取系统时间返回指定Date对象的日期值（1到31之间的整数），语法格式如下。

function getDate():Number

若要获取计算机系统当前的日期值，并将该日期值赋值给riqi变量，只需在关键帧中添加如下语句。

var time:Date = new Date();

var riqi= time.getDate();

6．getFullYear语句

getFullYear语句用于获取系统时间，并返回指定Date对象完整的年份值（一个4位数，如2006），语法格式如下。

function getFullYear():Number

若要获取计算机系统当前的年份值，并将该年份值赋值给nianfen变量，只需在关键帧中添加如下语句。

var time:Date = new Date();

var nianfen= time.getFullYear();

7．getMonth语句

getMonth语句用于获取系统时间，并返回指定Date对象的月份值（0到11之间的整数，0代表一月，1代表二月，依此类推），语法格式如下。

function getMonth():Number

若要获取计算机系统当前的月份值，并将该月份值赋值给yuefen变量，只需在关键帧中添加如下语句。

var time:Date = new Date();

var yuefen= time.getMonth();

8．getDay语句

getDay语句用于获取系统时间，并返回指定Date对象表示星期的值（0代表星期日，1代表星期一，依此类推），语法格式如下。

function getDay():Number

若要获取计算机系统当前的星期值，并将该星期值赋值给week变量，只需在关键帧中添加如下语句。

var time:Date = new Date();

var week= time.getDay();

9.2.2　制作电子时钟

在了解了与获取时间相关的脚本语句后，即可开始制作电子时钟，具体操作如下。

微课视频

制作电子时钟

（1）新建AS3.0文档，在文档"属性"面板的"属性"栏中设置舞台大小为"550×200像素"，如图9-13所示。

（2）使用基本矩形工具，在舞台中绘制一个矩形，选中绘制的矩形，在其"属性"面板中设置笔触颜色为"#33CC00"，笔触大小为"5"，填充颜色为"#339900"，在其"矩形选项"面板中将矩形边角半径设置为"20.00"，如图9-14所示。

图9-13　设置舞台背景　　　　　　　图9-14　设置矩形笔触和填充

（3）继续设置矩形，在其"位置和大小"栏中将矩形的宽和高分别设置为"500.00"和"155.00"，在"面板"组中单击"对齐"按钮，打开"对齐"面板，在其中单击选中 ☑与舞台对齐 复选框，然后在"对齐"栏分别单击"水平中齐"按钮和"垂直中齐"按钮进行对齐，效果如图9-15所示。

图9-15　绘制主场景中的矩形

（4）按【Ctrl+F8】组合键打开"创建新元件"对话框，创建名为"点"的影片剪辑，进入其元件编辑模式。

（5）使用矩形工具，在舞台中绘制一个矩形，选中绘制的矩形，在其"属性"面板的"位置和大小"栏中将其高和宽均设置为"22.00"，在"填充和笔触"栏中关闭笔触，并将填充颜色设置为"#CC6600"，如图9-16所示。

（6）按住【Alt】键不放，单击绘制的矩形并向下拖曳，复制一个矩形，使用选择工具框选这两个矩形，按【Ctrl+G】组合键进行组合。

（7）在其时间轴中选择第10帧，按【F7】键插入一个空白关键帧，选择第20帧，按【F5】

键插入普通帧，如图9-17所示，制作闪烁动画效果。

（8）单击工作区上方的"返回"按钮🔙，返回场景中，将图层1重命名为"背景"图层，选择第2帧，按【F5】键插入普通帧，然后锁定该图层。

（9）在时间轴中单击"新建图层"按钮🗔，新建一个图层，然后将新建的图层重命名为"文本"，如图9-18所示。

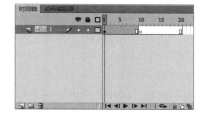

图9-16　设置"点"元件中的矩形　　　图9-17　制作闪烁动画　　　图9-18　新建"文本"图层

（10）选择该图层的第1帧，使用文本工具▣在舞台中绘制4个文本框，分别输入文本"年""月""日"和"星期"，在"属性"面板中将这几个文本的"颜色"均设置为"白色"，"大小"设置为"28.0点"，"字体"设置为"华文琥珀"，如图9-19所示，设置完成后在该图层第2帧插入普通帧，效果如图9-20所示。

（11）新建"文本2"图层，选择文本工具▣，在"属性"面板中选择"传统文本"文本，在舞台中输入"00"文字。

图9-19　设置文本属性　　　　　图9-20　设置文本后的效果

（12）选择文字，选择【文本】/【大小】菜单命令，在弹出的子菜单中选择"120"，在"属性"面板中将文本类型设置为动态文本，并将其实例名称设置为"xh"，如图9-21所示。

（13）按住【Alt】键，水平复制"xh"实例，在"属性"面板中将其实例名称更改为"fz"，如图9-22所示。

图9-21　创建"xh"实例　　　　　图9-22　更改名称

（14）继续复制实例，将实例名称更改为"mz"，将大小更改为"45.00"，效果如图9-23所示。

（15）使用相同的方法在"年""月""日"文本的前面和"星期"文本的后复制动态文本，依次将其实例名称更改为"nian""yue""ri"和"xq"，并将文本内容的大小更改为"32.00"。

（16）在"nian"实例中将其中的文本内容更改为"0000"，在"xq"实例中将文本内容更改为"0"，效果如图9-24所示。

159

图9-23　创建"mz"实例

图9-24　创建其他实例

（17）在时间轴中新建一个图层，将其命名为"actions"，选择该图层的第1帧，按【F9】键打开"动作－帧"窗口。

（18）在脚本窗口中输入如图9-25所示的代码，定义"time"对象，并将获取的年份值显示在"nian"动态文本框中。

（19）按【Enter】键换行，继续输入如图9-26所示的代码，为其他动态文本框获取时间值。

（20）选择"actions"图层的第2帧，按【F7】键插入空白关键帧，打开"动作－帧"窗口，在脚本窗口中输入"gotoAndPlay(1);"，如图9-27所示。

图9-25　定义"time"对象

图9-26　获取时间值

图9-27　在第2帧中添加脚本

在获取的月份值加1的原因

对于本例的图层名，之所以要在为获取的月份值加上1之后，才通过舞台中的"yue"文本框显示，是因为getMonth语句获取的月份值0代表一月，1代表二月，若直接将获取的月份值显示，就会在显示时出现比当前月份少一个月的情况，因此需要为其加上1，使其正常显示当前的月份信息。

（21）选择"文本2"图层的第1帧，然后将"库"面板中的"点"元件拖曳到"xh"和"fz"元件实例之间，并使用任意变形工具调整其大小，如图9-28所示。

（22）按【Ctrl+Enter】组合键进行测试，效果如图9-29所示，测试完成后保存文件。

图9-28　设置"点"元件实例

图9-29　设置结果

设置代码时的注意事项

① 如果在构建较大的应用程序或包括重要的ActionScript代码时，最好在单独的ActionScript源文件（扩展名为.as的文本文件）中组织代码，因为在时间轴上输入代码容易导致无法跟踪哪些帧包含哪些脚本，随着时间的流逝，应用程序越来越难以维护；② 在构建代码时，输入的代码一定要尽量简洁、干净，用最少的代码表达最好的效果；③ 在输入代码符号时应切换到英文输入方式，否则在以后的调试中无法正确运行文件。

9.3 项目实训

9.3.1 制作"钟表"脚本动画

1．实训目标

本实训的目标是制作时针、分针和秒针围绕中心点旋转的钟表效果，要求在添加脚本时，尽量以最简洁的脚本使钟表上的时针、分针和秒针转动，并显示当前系统时间。首先设置舞台大小，并制作时钟表刻度的元件，然后创建时针、分钟等元件，最后在主场景中添加图层钟表并添加脚本，本实训的效果如图9-30所示。

微课视频

制作"钟表"脚本动画

 效果所在位置 效果文件\第9章\项目实训\钟表.fla

2．专业背景

利用Flash中的ActionScript 3.0脚本，可创造许多让人意想不到的动画效果。许多的动画师在使用Flash创建动画时，多多少少都会使用脚本使动画看上去更引人注目。这也是Flash强于其他二维动画软件，并受到众多动画爱好者喜爱的原因之一。

3．操作思路

完成本实训主要包括设置舞台背景和大小，制作时针、分针等元件，以及在主场景中添加图层制作钟表和添加脚本，操作思路如图9-31所示。

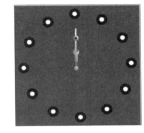

图9-30 "钟表"脚本动画制作最终效果

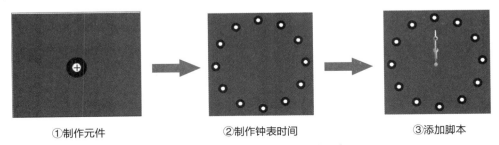

①制作元件　　②制作钟表时间　　③添加脚本

图9-31 "钟表"脚本动画的制作思路

【步骤提示】

（1）新建文档，将背景大小设置为320像素×320像素，背景颜色设置为"#3399FF"。

（2）新建"点数"和"针轴"图形元件，在其中绘制代表时间点数的点，以及时针、分针和秒针围绕旋转的针轴图形。

（3）新建"时针""分针"和"秒针"影片剪辑元件，分别在其中绘制时针、分针和秒针图形。

（4）返回场景，将"图层1"重命名为"背景"，使用Deco工具，在其"绘制效果"栏中选择"对称刷子"选项，将"模块"的元件更改为"点数"图形元件，然后在"背景"图层中绘制时间点，再将其与舞台中心对齐。

（5）新建"指针"图层，将"针轴"元件拖曳到舞台中，并使其对齐舞台中央。再将其余3个影片剪辑元件拖曳到舞台中，使用任意变形工具改变其中心点到尾部，并将这3个元件实例的中心点与"针轴"实例的中心点对齐。

（6）将"秒针"元件的实例名称设置为"se"，"分针"元件的实例名称设置为"min"，"时针"元件的实例名称设置为"ho"，然后选择这两个图层的第2帧，按【F5】键插入普通帧。

图9-32　输入代码

（7）新建"脚本"图层，选中第1帧，按【F9】键打开动作面板，在其中输入如图9-32所示的代码。

（8）选择"脚本"图层的第2帧，按【F6】键插入关键帧，然后按【F9】键打开动作面板，在其中输入"gotoAndPlay(1);"。

（9）关闭动作面板，按【Ctrl+Enter】组合键进行调试，调试无误后进行保存即可。

9.3.2　制作花瓣飘落动画

1．实训目标

本任务将制作花瓣飘落效果。在制作时，首先绘制一个花瓣元件，来体现飘落的主体花瓣，然后为花瓣添加引导动画，最后输入脚本并设置元件属性，使花瓣呈向下飘洒的状态。本实训完成后的参考效果如图9-33所示。

素材所在位置　素材文件\第9章\项目实训\花瓣飘落背景.jpg
效果所在位置　效果文件\第9章\项目实训\花瓣飘落.fla

图9-33　花瓣飘落效果

2．专业背景

添加脚本主要包括在时间轴上的关键帧上添加脚本，以及为元件添加脚本两种。若在时间轴上的关键帧上添加了脚本，那当Flash运行时，会先执行该关键帧上的脚本，然后再显示该关键帧上的对象。

3．操作思路

完成本实训主要包括新建元件并编辑元件、为花瓣添加引导动画并编辑引导动画以及输入脚本等三大步操作，操作思路如图9-34所示。

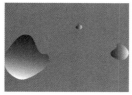
① 编辑元件

② 添加引导动画

③ 输入脚本

图9-34　花瓣飘落的操作思路

【步骤提示】

（1）新建一个尺寸为1000像素×735像素，颜色为"#00CC66"的空白动画文档，按【Ctrl+R】组合键，将"花瓣飘落背景.jpg"图像导入到舞台中，并将帧率设置为"12.00 fps"。

（2）新建一个花瓣图形元件，在元件编辑窗口中绘制一个花瓣。选择【窗口】/【颜色】菜单命令，打开"颜色"面板，为花瓣填充白色到粉红色的线性渐变色。

（3）新建一个"花瓣2"图形元件，在元件编辑窗口中执行3次将"花瓣"图形元件拖入舞台的操作，并将其呈三角形状排列，旋转并缩放"花瓣"元件。

（4）新建一个"花瓣3"影片剪辑元件，在元件编辑窗口中将"花瓣2"元件拖入舞台中。在第6、12、18、24、30、36帧中分别插入关键帧。在"变形"面板中分别为第6、12、18、24、30、36帧中的图形元件设置旋转度数为"20°""50°""80°""90°""120°""170°"，并将1~36帧转换为传统补间动画。

（5）新建一个"飘落"影片剪辑元件，在元件编辑窗口中将"花瓣3"元件拖入舞台中。在"变形"面板中将其宽和高分别设置为"20.0%"。

（6）新建"图层2"，使用铅笔工具 绘制一条引导线。在"图层1""图层2"的第35帧插入帧使其延长。选择"图层1"的第1帧，将"花瓣3"图像移动到线条的右边引导线上。再选择第35帧，将"花瓣3"图像移动到线条的右边引导线上。

（7）选择"图层2"，单击鼠标右键，在弹出的快捷菜单中选择"引导层"命令。将"图层2"转换为引导层，将"图层1"转换为被引导图层。在"图层1"中将第1帧~第35帧转换为传统补间动画。

（8）新建"图层3"，按【F9】键打开"动作"面板，在其中输入脚本。

（9）在"库"面板中的"飘动"影片剪辑元件上单击鼠标右键，在弹出的快捷菜单中选择"属性"命令，在打开的"元件属性"对话框中，展开"高级"栏，单击选中 为ActionScript 导出(X)复选框，在"标识符"文本框中输入"hua"。

（10）返回主场景，新建"图层2"。打开"动作"面板，在其中输入脚本。

9.4　课后练习

本章主要介绍了ActionScript脚本的基础，包括常量与变量、数据类型、处理对象、基本的语言和语法等脚本概念，并通过两个例子讲解了如何添加按钮控制文件的播放，以及设置电子时钟以提取显示当前系统时间等知识。对于本章的内容，读者应认真学习和掌握，以便为后面制作动画交互打下良好的基础。

练习1：制作游戏人物介绍界面动画

本练习将制作游戏人物介绍界面，在制作时将使用到为实例名称重

微课视频
制作游戏人物介绍界面动画

命名、新建图层、为帧编辑 ActionScript 代码等方法。首先将导入图像制作按钮元件，为元件添加语句，然后应用图片和按钮元件并将其放到舞台合适位置，最后为时间轴添加脚本。制作后的效果如图 9-35 所示。

素材所在位置 素材文件\第9章\课后练习\游戏人物界面\
效果所在位置 效果文件\第9章\课后练习\游戏人物介绍界面.fla

图9-35　游戏人物介绍界面效果

操作要求如下。

- 新建Flash文档，将其大小设置为"549×368"像素，默认其他设置，将其保存为"游戏人物界面.fla"，将"游戏人物界面"文件夹中的所有图像导入到库中。
- 锁定背景图层，选择"图层1"的第4帧，按【F6】键插入关键帧。
- 新建"图层2"，选择"图层2"的第1帧。使用鼠标将"崔西"图像移动到舞台上，再在"属性"面板中，设置"X""Y""宽""高"分别为"296.85""176.65""322.3""336.8"，选择"图层2"的第2帧，按【F7】键插入空白帧。在"属性"面板中将"X""Y""宽""高"和"崔西"图像设置为相同值。
- 再使用相同的方法将"安妮芬"和"亚伦"图像分别添加到第3帧、第4帧中。
- 新建"图层3"，选择"图层3"的第1帧。在"库"面板中，将"开始"图像移动到舞台中间，在"属性"面板中设置"X""Y""宽""高"分别为"90.15""107.05""126.2""32.85"。使用鼠标右键单击"首页"图像，在弹出的快捷菜单中选择"转换为元件"命令，打开"转换为元件"对话框，在其中设置"名称""类型"分别为"首页""按钮"。
- 双击"首页"按钮，在打开的元件编辑区中，按3次【F6】键，为时间轴添加关键帧。选择"指针经过"帧，再选择"开始"按钮，在其"属性"面板中，设置"宽""高"分别为"142.7""37.1"。使用相同的方法设置"单击"帧的图像大小。
- 返回主场景。在"图层3"中选择第2帧。按【F7】键，插入空白帧。使用鼠标将"库"面板中的"首页""上一个""下一个""末页"图像缩放大小后移动到舞台左边。再分别将"首页""上一个""下一个""尾页"图像转换为按钮。
- 分别双击"首页""上一个""下一个""尾页"按钮，在对应的按钮元件编辑区域中，按3次【F6】键，添加关键帧。在"鼠标经过"帧、"单击"帧的"属性"面板中设置"宽""高"分别为"142.7""37.1"。

- 新建"图层4"，选择"图层4"的第1帧。按【F9】键，打开"动作"面板，在其中输入"stop();"。
- 选择图层的的第1帧和第2帧的不同按钮，并在"动作"面板中输入代码。
- 按两次【F6】键，插入两个关键帧。在"图层3"的第4帧中删除"下一个"和"末页"按钮。按【Ctrl+Enter】组合键测试动画。

微课视频

制作"帆船航行"动画

练习2：制作"帆船航行"动画

本练习将制作帆船航行的动画，主要是为制作好的帆船添加脚本，使帆船动画播放只播放一次，不循环播放。制作后的效果如图9-36所示。

素材所在位置　素材文件\第9章\课后练习\帆船.fla
效果所在位置　效果文件\第9章\课后练习\帆船.fla

图9-36　帆船动画效果

操作要求如下。
- 打开提供的"帆船.fla"素材文件，在其中已制作好帆船运动的动画，新建一个图层作为放置脚本的图层。
- 选择新建图层的第48帧，按【F7】键插入空白关键帧，按【F9】键打开动作面板，在其中输入"stop();"即可，测试文件可发现动画播放一次后就停止，并不会循环播放。

9.5　技巧提升

1．ActionScript 3.0处理错误程序的方法

在ActionScript 2.0中，运行错误的注释主要提供给用户一个帮助，所有的帮助方式都是动态的。而在ActionScript 3.0中，这些信息将被保存到一定的数量，Flash player将提供时间型检查以提高系统的运行安全。这些信息将记录下来用于监视变量在计算机中的运行情况，以优化应用项目，减少对内存的使用。

2．Flash与触摸屏

随着科技的发展，出现了诸如智能机、平板电脑、掌上电脑等轻薄且易携带触摸屏电子产品。为了更方便Flash动画及游戏的交互式处理，Flash软件的软件开发者在Flash CS6中也导入了一些方便触摸屏交互式操作的函数和代码。使用这些函数和代码开发触摸屏游戏很可能会为你的游戏带来更多的魅力。

CHAPTER 10

第10章
处理声音和视频

情景导入

通过前段时间对ActionScript的学习，米拉已经掌握了使用一些简单脚本制作特效的方法，她现在需要学习的是处理声音和视频。

学习目标

● 掌握有声飞机动画的制作方法

　　掌握声音的格式、导入与添加声音的方法、设置声音、修改或删除声音、设置声音的属性、压缩声音文件等知识。

● 掌握电视节目预告的制作方法

　　掌握视频的格式和编码器、编辑使用视频、载入外部视频文件、嵌入视频文件等知识。

案例展示

▲制作有声飞机动画

▲制作电视节目预告

10.1 课堂案例：制作有声飞机动画

制作Flash动画时常常需要为其添加声音，如卡通短剧、Flash MTV、Flash游戏等，都需要添加声音。另外，Flash中的一些动态按钮也需要添加生动的音效，以便更能吸引观众。本任务将制作有声飞机动画，顾名思义，就是制作有背景音乐的动画。要完成本例，首先需要为飞机制作飞行动画，为飞机添加补间动画，体现出飞行的主题，然后添加背景音乐。为了使音乐与动画更加和谐，将对声音进行编辑优化。本例完成后的效果如图10-1所示。

素材所在位置 素材文件\第10章\课堂案例\飞机\
效果所在位置 效果文件\第10章\课堂案例\有声飞机.fla

"有声飞机"动画
效果

图10-1 有声飞机动画的最终效果

10.1.1 声音的格式

声音的格式有很多，从品质较低的到品质较高的格式都有。通常我们在听歌时，接触最多的有MP3、WMA、AAC等格式，如果是对声音要求较高的用户会接触到WAV、FLAC等多种格式。但是并不是所有格式的声音文件都能导入到Flash中，所以在导入声音文件之前需要认识不同的声音格式。

Flash可以导入WAV、MP3、AIFF、AU、ASND等多种格式的声音文件，下面分别进行介绍。

● WAV：WAV是微软和IBM公司共同开发的PC的标准声音格式。这种声音格式将直接保存对声音波形的采样数据。因为数据没有经过压缩，所以声音的品质是很好的，但是这种格式所占用的磁盘空间很大，通常一首5分钟左右的歌曲将会占用50MB左右的磁盘空间。

● MP3：MP3是大家熟知的一种音频格式，也是一种压缩的音频格式。相比WAV，MP3占用的空间要小很多，通常5分钟左右的歌曲只会占用5~10MB不等的磁盘空间。虽然MP3是一种压缩格式，但这种格式拥有较好的声音质量，加上体积较小，所以被广泛地应用于各个领域，并且在网络上传输也十分方便。

● AIFF：这是苹果公司开发的一种声音文件格式，支持MAC平台，方便在MAC平台上制作有声音的Flash动画。

● AU：AU是SUN公司开发的压缩声音文件格式，只支持8bit的声音，是网上常用到的声音文件格式。

● ASND：ASND格式是Adobe Soundbooth的本机硬盘文件格式，具有非破坏性。

ASND文件还可以包含应用了效果的声音数据。

10.1.2　导入与添加声音的方法

准备好声音素材后就可以在Flash动画中导入声音。一般可将外部的声音先导入到"库"面板中。选择【文件】/【导入】/【导入到库】菜单命令，在打开的"导入到库"对话框中选择要导入的声音文件，然后单击 打开(O) 按钮，即可完成导入声音操作。

导入完成后，打开"库"面板，然后选择需要添加的声音文件，并将其拖动到场景中，即可完成添加声音的操作，如图10-2所示。

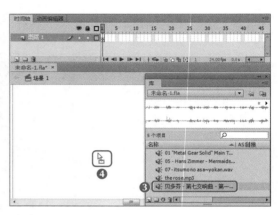

图10-2　添加声音

10.1.3　设置声音

在为动画文档添加声音文件后，选择"时间轴"面板中包含声音文件的任意一帧，然后在"属性"面板中还可对声音的声道、音量等进行设置，图10-3所示为对声音效果进行设置，图10-4所示为对声音同步进行设置。

图10-3　设置效果　　　　　　　　图10-4　设置同步

1．设置效果

在"效果"下拉列表框中包含了8个选项，分别介绍如下。

● **无**：不使用任何效果。选择此选项将删除以前应用过的效果。

● **左声道**：只在左声道播放音频。

● **右声道**：只在右声道播放音频。

● **向右淡出**：声音从左声道传到右声道，并逐渐减小其幅度。

● **向左淡出**：声音从右声道传到左声道，并逐渐减小其幅度。

- 淡入：会在声音的持续时间内逐渐增加其幅度。
- 淡出：会在声音的持续时间内逐渐减小其幅度。
- 自定义：自己创建声音效果，并利用音频编辑对话框编辑音频。

2．设置同步类型

在"属性"面板中的"同步"下拉列表框中对声音同步属性进行设置。"同步"下拉列表框中的各选项的介绍如下。

- 事件：用于特定的事件，如单击按钮或添加播放代码等所触发的声音。该模式是默认的声音同步模式，可使声音与事件的发生同步开始。当动画播放到声音的开始关键帧时，事件音频开始独立于时间轴播放，即使动画停止，声音也会继续播放直至完毕。
- 开始：和事件类似，也是用于特定的触发事件。但是如果同一个动画中添加了多个声音文件，它们在时间上某些部分是重合的。在这种模式下，如果有其他的声音正在播放，到了该声音开始播放的帧时，则会自动取消该声音的播放。如果没有其他的声音在播放，该声音才会开始播放。因此使用该选项，将不会出现重复的声音。
- 停止：用于停止播放指定的声音。如果将某个声音设置为停止模式，那当动画播放到该声音的开始帧时，该声音和其他正在播放的声音都会在此时停止。
- 数据流：用于在Flash中自动调整动画和音频，使它们同步，主要用于在网络上播放流式音频。在输出动画时，流式音频将混合在动画中一起输出。

10.1.4　修改或删除声音

在图层中添加了声音文件后，还可以通过"属性"面板将声音文件替换为其他的声音或删除。修改声音的方法是：在图层中选择已添加的声音文件，然后打开"属性"面板，并在"属性"面板的"声音"栏中单击"名称"栏右侧的下拉按钮▼，在打开的下拉列表中选择其他声音文件即可替换声音，若选择"无"选项则可删除声音，如图10-5所示。

图10-5　替换声音或删除声音

10.1.5　"编辑封套"对话框

选择声音文件后，直接在"属性"面板中对声音进行修改的选项较少。如果添加的歌曲等文件较长，就需要对声音文件进行剪辑。如果音量不合适，就需要调整音量等操作。通常这些操作都可以在"编辑封套"对话框中进行设置，如图10-6所示。打开"编辑封套"对话框的方法为：在"时间轴"面板中选择声音文件的帧后，单击"属性"面板中的"编辑声音封套"按钮 即可打开"编辑封套"对话框。

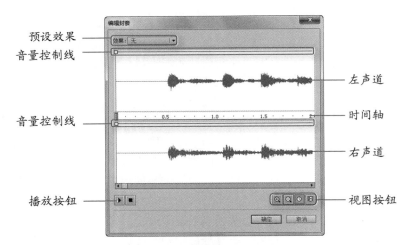

预设效果
音量控制线
音量控制线
播放按钮

左声道
时间轴
右声道
视图按钮

图10-6　"编辑封套"对话框

"编辑封套"对话框的主要功能项介绍如下。

● **预设效果**：与"属性"面板中的"效果"下拉列表框类似，用于设置预设效果。

● **音量控制线**：用于控制音量的线。左右声道的音量可以分别控制，当该线在最上方表示该声道的音量为100%，在最下方则为关闭该声道的声音。如果将该线设置为斜线，则表示音量将会从大到小或从小到大进行渐变。

● **时间轴**：用于显示声音的长度，同时在该时间轴上包含有两个游标，用于设置声音的开始和结束位置。

● **播放按钮**：单击"播放声音"按钮▶，可以播放声音的效果，单击"停止声音"按钮■则会停止播放。

● **视图按钮**：用于设置对话框中的视图，单击"放大"按钮，可以使窗口中的声音波形在水平方向放大，从而可进行更细致的调整；单击"缩小"按钮，则为波形在水平方向缩小；单击"秒"按钮，可以使窗口中的时间轴以秒为单位显示，这也是Flash的默认显示状态；单击"帧"按钮，可以使窗口中的时间轴以帧为单位显示。

● **左/右声道**：通常立体声都包含左右两个独立声道，其中，左声道即指立体声两个独立声道中左边的声道，右声道表示立体声两个独立声道中右边的声道。

10.1.6　设置声音的属性

双击"库"面板中的声音文件图标，在打开的"声音属性"对话框中显示了声音文件的相关信息，包括文件名、文件路径、创建时间和声音的长度等。如果导入的文件在外部进行了编辑，则可通过单击右侧的 更新(U) 按钮更新文件的属性，单击右侧的 导入(I)... 按钮可以选择其他的声音文件来替换当前的声音文件，而 测试(T) 按钮和 停止(S) 按钮则用于测试和停止声音文件的播放。

10.1.7　压缩声音文件

Flash虽然可以支持高品质的声音文件，但是品质越高的声音文件，其文件也越大，所以为了使制作出的Flash能在网络上传播，需要对声音进行压缩，以缩小Flash文件的大小。在制作Flash动画的过程中，减小声音文件大小的方法有在制作动画过程中减小声音文件的大小和压缩声音文件两种，下面分别进行介绍。

1．在制作过程中减小声音文件的大小

在制作过程中，可以有多种方法来减小声音文件的大小，下面分别进行介绍。

- 剪辑声音：在"编辑封套"对话框中分别设置声音的起点滑块和终点滑块，或是将音频文件中的无声部分删除。
- 使用相同的文件：在不同关键帧上尽量使用相同的音频，并对它们设置不同的效果。这样只用了一个音频文件就可设置多种声音。
- 使用循环：利用循环效果将体积很小的声音文件循环播放。这是制作Flash动画的背景音乐所使用的方法。

2．压缩声音文件

在"库"面板中选择声音文件，然后单击鼠标右键，在弹出的快捷菜单中选择"属性"命令，打开"声音属性"对话框。在对声音进行压缩时，通常都是使用该对话框进行的。在该对话框中，单击"压缩"栏右侧的下拉按钮■，在打开的下拉列表中包含了"默认""ADPCM""MP3""RAW""语音"等5个压缩选项。

选择"默认"选项后，将会以默认的方式进行压缩，而且不能进行其他设置。除默认外，其他4个选项的作用分别介绍如下。

- ADPCM："ADPCM"选项用于8位或16位声音数据的压缩设置，如单击按钮这样的短事件声音，一般选择"ADPCM"压缩方式。在选择ADPCM选项后，将显示"预处理""采样率""ADPCM位"3个参数，其中"ADPCM位"用于决定在ADPCM编辑中使用的位数，压缩比越高，声音文件越小，音效也越差。
- MP3：因为MP3的优越品质，使得MP3被广泛使用，通常在导出像乐曲这样较长的音频文件时，建议使用"MP3"选项。选择"MP3"压缩选项后，将会在"压缩"下拉列表框下方出现"使用导入的MP3品质"复选框，撤销选中该复选框，将显示出"预处理""比特率""品质"3个参数，分别对其进行设置即可对MP3声音文件进行压缩。
- Raw：主要用于设置声音的采样率。较低的采样率可以减小文件大小，也会降低声音品质。Flash不能提高导入声音的采样率，如果导入的音频为11kHz声音，输出效果也只能是11kHz的。对于语音来说，5kHz的采样率是最低的可接受标准；如果是需要制作音乐短片，则只需选择11kHz的采样率，这也是标准CD音质的1/4；用于Web回放，则常用22kHz的采样率，它是标准CD音质的1/2；44kHz的采样率是标准的CD音质比率，通常用于对音质要求较高的Flash动画中。
- 语音："语言"压缩选项适用于设定声音的采样频率对语音进行压缩，常用于动画中对音质要求不高的人物或者其他对象的配音。

10.1.8　制作飞机飞行动画

下面将制作飞机飞行的动画，主要通过对飞机元件添加传统补间动画，达到飞行的效果，具体操作如下。

（1）新建一个尺寸为1000×680像素，颜色为"#0066FF"的空白动画文档，将"飞机"文件夹中的所有文件导入到库中，再从"库"面板中将"背景.jpg"图像拖动到舞台中。

（2）选择【插入】/【新建元件】菜单命令，打开"创建新元件"对话框，在其中设置"名称""类型"分别为"浮云 1""影片剪辑"，

微课视频

制作飞机飞行动画

单击 确定 按钮，如图 10-7 所示。

（3）在"库"面板中将"云.png"图像拖入舞台中间并缩小其大小，在第360帧插入关键帧，使用选择工具将图像向右边移动。再将第1~360帧转换为传统补间动画，如图10-8所示。

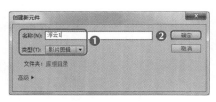

图10-7　新建元件

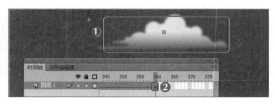

图10-8　编辑"浮云1"动画

（4）新建"浮云2"并设置"类型"为"影片剪辑"，在"库"面板中将"云.png"图像拖入舞台中间并缩方其大小，在第200帧插入关键帧，使用选择工具 将图像向右下角移动。再将第1帧~第200帧转换为传统补间动画，如图10-9所示。

（5）返回主场景，在第360帧插入关键帧。新建"图层2"，将"浮云1"元件移动到舞台左上角，在第360帧插入关键帧，将元件移动到舞台右边，将第1帧~第360帧转换为传统补间动画，如图10-10所示。

图10-9　编辑"浮云2"动画

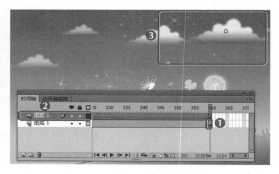

图10-10　新建并编辑"图层2"

（6）新建"图层3"，将"浮云2"元件移动到舞台中上方的位置，在第360帧插入关键帧，将元件移动到舞台右边，将第1帧~第360帧转换为传统补间动画，如图10-11所示。

（7）新建"飞机"并设置"类型"为影片剪辑，在元件编辑窗口中将"飞机.png"图像从"库"面板中移动到舞台中，如图10-12所示。

图10-11　编辑"图层3"

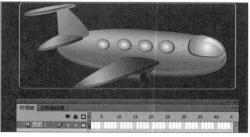

图10-12　编辑飞机元件

（8）返回场景1，新建"图层4"。将"飞机"元件移动到舞台的左下角，并旋转元件。打开"属性"面板，设置"飞机"元件的"缩放宽度""缩放高度"均为"45.0%"。将"图层4"转换为补间动画，如图10-13所示。

（9）在"时间轴"面板中选择第360帧，使用鼠标将飞机元件向舞台右上角移动，并旋转元件，在"属性"面板中设置"飞机"元件的"缩放宽度、缩放高度"均为"30.0%"，如图10-14所示。

图10-13 添加补间动画

图10-14 编辑补间动画

10.1.9 添加并编辑声音

下面将添加声音，并对添加的声音进行编辑，具体操作如下。

微课视频

添加并编辑声音

（1）新建图层，并重命名为"声音"。选择"声音"图层，从"库"面板中将"背景音乐.mp3"音频拖动到舞台中，如图10-15所示。

（2）在"属性"面板中，单击"编辑声音封套"按钮，打开"编辑封套"对话框，在音频波段处单击添加几个封套手柄，分别调整手柄位置，单击 确定 按钮，如图10-16所示。

173

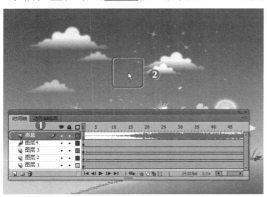
图10-15 添加音乐

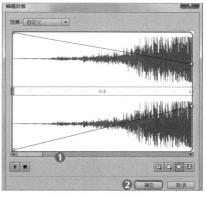
图10-16 编辑声音

（3）在"图层4"的第100帧插入关键帧。沿运动路径向右上角移动飞机。在第130帧插入关键帧。继续沿运动路径向右上角移动飞机，如图10-17所示。

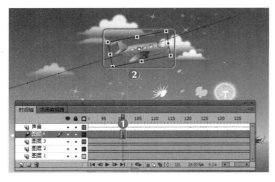

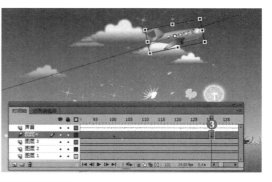

图10-17 调整补间动画的位置

10.2 课堂案例：制作电视节目预告

在观看电视的过程中，经常会有电视节目预告，通过预告可以了解下面将要播放的大概内容，在Flash中也可实现这一操作，只需通过FLVPlayback 组件便可实现。本例将制作电视节目预告动画。在制作时，首先将导入视频，通过视频能真实展现节目预告的效果，然后设置视频的大小和外观，因为电视节目的预告并不是全屏播放，而是通过一个小的版块进行播放，最后输入文本来说明明确的时间的播放内容。本例完成后的效果如图10-18所示。

素材所在位置 素材文件\第10章\课堂案例\电视节目预告\
效果所在位置 效果文件\第10章\课堂案例\电视节目预告.fla

"电视节目预告"动画效果

图10-18 电视节目预告效果

10.2.1 视频的格式和编解码器

Flash是通过Web传递视频最常用的方法。在使用Flash的过程中，可以很容易地向Flash中添加视频，并且添加的视频还可以与其他动画元素结合起来，形成独特的Flash动画。

在Flash中要想使用视频，首先就需要将其导入，适用于Flash的视频格式是Flash Video，通常使用".flv"或".f4v"作为扩展名，其中".flv"是Flash以前版本标准的视频格式，使用较老的Sorenson Spark或On2VP6编解码器，而".f4v"则是较新的Flash Video视频格式，支持H.264标准，可以提供更高品质的压缩操作。下面分别介绍这3种不同编解码器的区别。

- H.264：Flash Player使用此编解码器的F4V视频格式提供的品质远远高于以前的Flash视频编解码器，但所需的计算量要大于Sorenson Spark和On2 VP6视频编解码器。
- Sorenson Spark：Sorenson Spark视频编解码器是在Flash Player6中引入的。如果发布要求与Flash Player6保持向后兼容的Flash文档，则应使用它。如果使用较老的计算机，则应考虑使用Sorenson Spark编解码器对FLV文件进行编码，原因是在执行播放操作时，Sorenson Spark编解码器所需的计算量比On2 VP6或H.264编解码器小。
- On2 VP6：On2 VP6编解码器是创建在Flash Player8和更高版本中使用的FLV文件时使用的首选视频编解码器。与以相同数据速率进行编码的Sorenson Spark 编解码器相比，On2 VP6编解码器提供视频品质更高，支持使用8位Alpha通道来复合视频。

10.2.2 编辑使用视频

在Flash中嵌入视频或加载外部视频后，为了使视频在动画中更加美观，用户可以对视频进行播放或编辑。

1．更改视频剪辑属性

利用属性检查器可以更改舞台上嵌入的视频剪辑实例的属性，为实例分配一个实例名称，并更改此实例在舞台上的宽度、高度和位置。还可以交换视频剪辑的实例，即为视频剪辑实例分配一个不同的元件。操作方法分别如下。

- 编辑视频实例属性：在舞台上选择嵌入视频剪辑或链接视频剪辑的实例。在"属性"面板的"名称"文本框中输入实例名称。在"位置和大小"栏中输入宽和高的值更改视频实例的尺寸，输入X和Y值更改实例在舞台上的位置，如图10-19所示。
- 查看视频剪辑属性：在"库"面板中选择一个视频剪辑后的文件，在"库"面板的视频文件上单击鼠标右键，在弹出的快捷菜单中选择"属性"命令，或单击位于"库"面板底部的"属性"按钮 ⓘ，将打开"视频属性"对话框，在其中可查看视频的位置、像素等属性，如图10-20所示。

图10-19　编辑视频实例属性

图10-20　查看视频剪辑属性

- 使用FLV或F4V文件替换视频：打开"视频属性"对话框，单击 导入… 按钮，在打开的"打开"对话框中选择FLV或 F4V文件，然后单击 打开(O) 按钮即可替换。
- 更新视频：在"库"面板中选择视频剪辑，单击"属性"按钮 ⓘ，在打开的"视频属性"对话框中单击 更新 按钮，即可更新当前视频。

2．编辑FLVPlayback 组件

使用 FLVPlayback 组件加载外部视频时，可以通过更改该组件的参数来编辑视频。在舞台中选择 FLVPlayback 组件，在"属性"面板中可以打开组件参数。操作方法如下。

- 选择外观：在"skin"选项后单击 ✎ 按钮，打开"选择外观"对话框，在其中可以选择外观和颜色，如图10-21所示。
- 更改参数：在"属性"面板中的"组件参数"列表中可以对组件的播放方式、控件显示等参数进行设置，如图10-22所示。

图10-21　选择外观

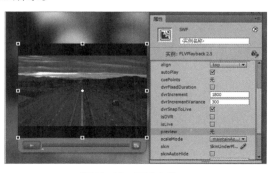

图10-22　更改参数

3．使用时间轴控制视频播放

可以通过控制包含该视频的时间轴来控制嵌入的视频文件。比如，要暂停在主时间轴上播放的视频，可以调用将该时间轴作为目标的stop动作。同样，可以通过控制某个影片剪辑元件的时间轴的播放来控制该元件中的视频对象。

4．使用视频提示点

使用视频提示点以允许事件在视频中的特定时间触发。在Flash中可以对FLVPlayback 组件加载的视频使用两种提示点，其操作分别如下。

● 编码提示点：即在使用Adobe Media Encoder编码视频时添加的提示点。打开"导出设置"对话框，选择时间点，单击 按钮添加提示点。

● ActionScript提示点：即在Flash中使用属性检查器添加到视频中的提示点。单击"添加ActionScript提示点"按钮 ■ ，添加提示点，并可以更改提示点的名称和时间。

10.2.3 载入外部视频文件

在找到了正确的视频格式后，就可以将视频导入到Flash中了。通常为了使Flash文档不至于过大，可使用载入外部文件的方法将视频文件导入到Flash文档中。将外部视频导入到Flash文档中有两种方法，分别是直接导入和在场景中添加组件后再导入，下面分别进行介绍。

1．直接导入外部视频

直接导入外部视频与将其他各类素材导入到Flash文档中类似，不同的是需要设置部分选项，选择【文件】/【导入】/【导入到舞台】菜单命令，选择需要导入的视频文件，打开"选择视频"对话框并单击选中 ⊙ 使用播放组件加载外部视频 单选项，然后单击 下一步> 按钮，打开"设定外观"对话框，单击"外观"栏右侧的下拉按钮 ■ ，在打开的下拉列表中选择"MinimaFlatCustomColorAll.swf"选项，然后单击 下一步> 按钮，根据提示完成每步操作即可。

知识提示 **添加网络视频**

在"导入视频"对话框中单击选中 ⊙ 已经部署到 Web 服务器、Flash Video Streaming Service 或 Flash Media Server: 单选项，则可激活其下方的文本框。此时，在该文本框中输入Web服务器中保存的Flash动画的URL地址，即可添加网络视频文件。

2．设置视频外观属性添加

在选择了播放器的外观后，可以通过修改播放器外观的属性来修改视频，还可以通过设置视频外观的属性来将外部视频导入到Flash文档中。选择【窗口】/【组件】菜单命令，打开"组件"面板，展开Video组件，选择"Video"文件夹中的"FLVPlayback"选项，然后将其拖动到场景中。此时，在场景中将创建一个不包含视频的视频外观，如图10-23所示。这时即可在"属性"面板中进行视频的导入。

图10-23　添加的视频外观

10.2.4 嵌入视频文件

载入外部视频文件不会将视频文件本身导入到Flash文档中，若需要将视频本身导入到Flash文档中，则可将视频文件嵌入到Flash文档中。选择【文件】/【导入】/【导入到舞台】菜单命令，在打开的"导入"对话框中选择需要的视频文件，打开"选择视频"对话框并单击选中 在 SWF 中嵌入 FLV 并在时间轴中播放 单选项，然后单击 下一步 > 按钮，打开"嵌入"对话框，在"符号类型"下拉列表框中选择"嵌入的视频""影片剪辑""图像"等选项，单击 下一步 > 按钮，然后根据提示完成每步操作即可。

载入外部视频与嵌入视频的区别

载入外部视频和嵌入视频最大的区别是前者不会将视频文件导入到Flash文档中，而是以链接的形式显示在Flash文档及最后发布出的SWF文件中。

10.2.5 制作节目预告动画

下面将制作电视节目预告，首先导入视频，然后设置外观，调整视频并添加文本，其具体操作如下。

微课视频

制作节目预告动画

(1) 新建一个尺寸为1000像素×651像素的空白动画文档，将"背景.jpg"图像文件导入到舞台中。并锁定"图层1"，新建"图层2"。

(2) 选择【文件】/【导入】/【导入视频】菜单命令，打开"导入视频"对话框，单击 浏览… 按钮。在打开的"打开"对话框中选择"电视节目预告.flv"，单击 下一步 > 按钮，如图10-24所示。

(3) 在打开的对话框中设置"外观""颜色"分别为"SkinOverPlayStopSeekMuteVol.swf""#009999"，单击 下一步 > 按钮，在打开的对话框中单击 完成 按钮，如图10-25所示。

图10-24 选择视频

图10-25 设置外观

(4) 使用鼠标将导入的视频移动到舞台右边。选择插入的视频，在"属性"面板中设置"宽""高"分别为"490.00""367.50"，展开"组件参数"列表框，单击选中

"skinAutoHide"后的复选框，隐藏播放时间轴，如图10-26所示。

（5）锁定"图层2"，新建"图层3"，将"边框 .png"图像导入到舞台中，将其缩小后，复制两个边框图像，将其分别放置在视频左上角和右下角，装饰视频，如图 10-27 所示。

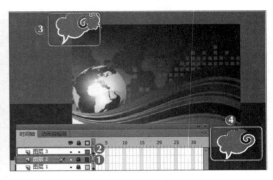

图10-26　调整视频大小　　　　　　　　图10-27　添加图像

（6）选择文本工具 T，在视频左边绘制一个文本容器，在其中输入"电视节目预告"文本，在"属性"面板中设置"改变文本方向""系列""大小""颜色"分别为"垂直""华文琥珀""39.0 点""#FFFFFF"，如图 10-28 所示。

（7）在"属性"面板中展开"滤镜"列表框，单击其下方的"添加滤镜"按钮，在打开的下拉列表中选择"投影"选项，在"属性"栏中设置"距离"为"10 像素"，如图 10-29 所示，完成动画的制作。

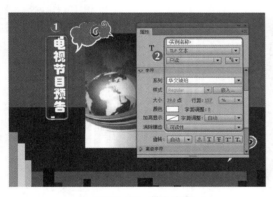

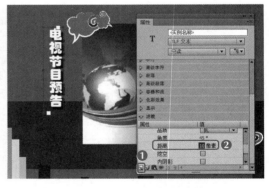

图10-28　输入文本　　　　　　　　图10-29　为文本设置滤镜效果

行业提示

制作视频的注意事项

①　各个国家或各个地区的电视制式各有不同，在制作Flash视频之前需要根据播放的国家和地区创建不同制式的视频类型。在制作完成后还需根据播放制式导出不同播放速率的视频。

②　对于一些特殊需要的视频，如无背景的视频，在拍摄时通常需要将背景铺设为蓝色或绿色的幕布，拍摄完成后再使用一些后期软件，如Adobe Effect或Adobe Premier中，将蓝屏或绿屏的背景抠掉。

10.3 项目实训

10.3.1 制作儿童网站进入界面

1．实训目标

本例将制作儿童网站进入界面，要求制作一个按钮元件，为其设置单击按钮时发出声音的效果。在制作时，首先将导入背景素材。因为制作的是儿童网站，所以图片比较扁平化，适合儿童主题。然后，新建元件。需要注意的是，这里制作的是进入的单击按钮，因此元件的类型为按钮，需插入关键帧并编辑帧，使按钮具有按下弹起的效果，并为帧添加声音。本实训的效果如图10-30所示。

 素材所在位置 素材文件\第10章\项目实训\进入按钮\
效果所在位置 效果文件\第10章\项目实训\儿童网站进入界面.fla

微课视频

制作儿童网站进入
界面

图10-30 儿童网站进入界面

2．专业背景

在创建Flash音乐和视频文档时，需要在合适的位置添加视频和音乐。特别是在一些视频门户网站中，经常需要用到相关的技术，因此这类人才的需求量也相当大，掌握好使用Flash设置音频和视频的方法，将对读者大有好处。

3．操作思路

完成本实训首先要新建空白动画文档，为其添加背景，然后制作一个按钮元件，并为其添加声音，达到单击按钮时发出声音的效果，操作思路如图10-31所示。

① 新建按钮元件

② 编辑帧

③ 添加声音

图10-31 儿童网站进入界面的制作思路

【步骤提示】

（1）新建一个尺寸为1000像素×700像素的空白动画文档。将"进入按钮"文件夹中的所有文件都导入到"库"中，再从"库"面板中将"背景.jpg"图像拖动到舞台中作为背景。

（2）打开"创建新元件"对话框，在其中设置"名称""类型"分别为"按钮""按钮"。

（3）将"按钮2.jpg"图像移动到舞台中间，插入关键帧。将"按钮1.jpg"图像移动到舞台中间，插入关键帧。

（4）新建"图层2"，选择"点击"帧，按【F6】键插入关键帧。打开"属性"面板，在"声音"栏中的"名称"下拉列表框中选择"单击.mp3"选项。

（5）返回"场景1"，将按钮拖动到舞台右上角，并缩放其大小。完成后测试动画即可。

10.3.2 制作"窗外"动画

1. 实训目标

本实训的目标是为动画文件添加声音。在制作时，首先导入视频文件，然后设置其位置和大小，接着将声音文件导入到库，后设置声音的效果。本实训完成后的参考效果如图10-32所示。

素材所在位置 素材文件\第10章\项目实训\窗外\
效果所在位置 效果文件\第10章\项目实训\窗外.fla

微课视频

制作"窗外"动画

图10-32 "窗外"动画文档最终设置效果

2. 专业背景

视频动画主要被用于推广产品及宣传活动。和普通的Flash动画相比，在Flash中插入视频动画可以让动画更有视觉冲击力，使其体现的真实性更强。此外，将视频插入到Flash动画中，会使视频更加易于编辑和传播。

3. 操作思路

完成本实训主要包括将音频和视频文件的导入、音频和视频文件的添加及音频和视频文件的设置等三大步操作，操作思路如图10-33所示。

【步骤提示】

（1）打开"窗外.fla"动画文档，选择"图层1"的第1帧。导入"窗外风景.flv"文件。

（2）调整视频文件大小与场景大小完全相同，在"属性"面板的"位置和大小"栏中将"X"和"Y"轴上的数值更改为"0.00"，让视频文件完全覆盖场景。

①调整窗户图形

②添加视频

③设置视频和声音

图10-33　"窗外"动画文档制作思路

（3）新建图层，并修改图层名为"背景音乐"，导入声音文件"背景音乐.wav"。

（4）选择"背景音乐"图层的第1帧，添加声音文件。单击"效果"右侧的下拉列表，在打
开的下拉列表中选择"淡入"选项，让背景音乐呈现淡入效果。

（5）保存动画文档，按【Ctrl+Enter】组合键测试动画。

10.4　课后练习

本章主要对Flash CS6中音频和视频的添加和设置方法进行了介绍，主要包括为文档添加
声音、设置声音属性、使用封套编辑声音、压缩声音文件等与音频相关的操作，以及导入视频
素材、编辑视频等相关的操作。读者应认真学习和掌握，以便为后面设计Flash网页打下基础。

练习1：制作明信片

明信片是亲朋好友之间赠送祝福的一种方式。本练习将制作明细
片，主要是为文档添加声音，然后对声音进行编辑。这时需设置声音
的起始和结束位置，同时设置声音的音量并将声音设置为"循环"。
制作后的效果如图10-34所示。

微课视频

制作明信片

素材所在位置　素材文件\第10章\课后练习\明信片.fla
效果所在位置　效果文件\第10章\课后练习\明信片.fla

操作要求如下。

● 打开"明信片.fla"动画文档，在"时间
轴"面板中选择"图层2"的第1帧，打
开"属性"面板，在其中单击"编辑声
音封套"按钮。

● 打开"编辑封套"对话框，在左边标尺
处拖动滑条，调整音频的起点位置。将
对话框下方的滚动条滑动到最右边显示
音频的终点位置，使用相同的方法将重
点标尺移动到6.5秒的位置。

● 在音频波段处单击添加几个封套手柄，
分别调整手柄位置，控制声音播放时音量的大小：向上即为增大音量，向下即为减
小音量。

图10-34　明信片

● 在"属性"面板中的"声音循环"下拉列表框中选择"循环"选项。

练习2：制作情人节贺卡

本练习将制作情人节贺卡，首先需要导入具有温馨浪漫感觉的背景图片，以表达出情人节的主题，然后制作并编辑元件，使元件具有一种闪烁的灯光的感觉，最后插入声音，设置声音的音量和循环播放。制作完成后的效果如图10-35所示。

微课视频
制作情人节贺卡

素材所在位置　素材文件\第10章\课后练习\情人节贺卡\
效果所在位置　效果文件\第10章\课后练习\情人节贺卡.fla

图10-35　情人节贺卡

操作要求如下。
● 首先导入"情人节贺卡"素材，制作光点元件并为元件设置混合效果。
● 然后编辑时间轴，将元件放入时间轴中，通过按【F7】键插入空白关键帧，制作光点闪烁的效果。
● 输入文字"希望每天都是你的情人节"，将字体设置为"汉仪中圆简"，大小设置为"39"，颜色为白色。
● 插入"贺卡音乐.mp3"声音，将音乐声音音量调小，然后设置为循环播放。

10.5　技巧提升

1．删除动画中添加的声音

选择添加了声音文件的帧，在"属性"面板中的"声音"下拉列表框中选择"无"选项，或者直接在"库"面板中删除导入的声音文件，即可删除动画中添加的声音。

2．load语句

load语句用于从指定的URL位置加载外部的MP3文件到动画中，语法格式如下。
public function load(stream:URLRequest, context:SoundLoaderContext = null):void

参数为"stream:URLRequest"，表示外部MP3文件的URL位置，"context:SoundLoaderContext (default = null)"表示MP3数据保留在Sound对象缓冲区中的最小毫秒数，在开始回放后和网络中断后继续回放之前，Sound对象将一直等待直到至少拥有这一数量的数据为止，默认值为"1000"（1秒）。

若要将与动画同一个文件夹中的"bg.mp3"文件加载到动画中，只需在关键帧中添加以下语句。

```
var BG= new Sound(); //新建BG声音对象
BG.load(new URLRequest("bg.mp3")); //加载外部的"bg.mp3"文件
```

CHAPTER 11

第11章

使用组件

情景导入

经过这段时间的学习，米拉已经能掌握Flash CS6中的大部分功能，现在她要学习组件的应用。

学习目标

● 掌握留言板的制作方法

　　认识组件、掌握组件的优点、类型，并对组件的应用方法进行了解。

● 掌握问卷调查表的制作方法

　　如掌握对象、鼠标事件、键盘事件、输入问卷调查表文本、添加组件并设置属性等知识。

案例展示

▲制作留言板

▲制作问卷调查表

11.1 课堂案例：制作留言板

老洪今天交给米拉一个制作留言板的任务。老洪告诉米拉，在"组件"面板中，可直接调用其中的交互组件进行制作，从而节约大量时间。要完成本任务，首先应输入标题文字，表达出制作的是留言板。留言板中需要输入文字，因此需要制作能输入文字的文本框。这里可通过文本域组件实现。然后需要制作如选择性别等单选项按钮。另外，因为当留言板中添加了内容还需要进行提交，提交后还可进行重写，所以可通过按钮组件实现该功能。本例完成后的效果如图11-1所示。

素材所在位置 素材文件\第11章\课堂案例\BBS背景.jpg
效果所在位置 效果文件\第11章\课堂案例\留言板.fla

"留言板"动画效果

图11-1 "留言板"最终效果

11.1.1 认识组件

Flash CS6中的组件可以提供很多常用的交互功能，利用不同类型的组件，可以制作出简单的用户界面控件，也可以制作出包含多项功能的交互页面。用户还可根据需要，对组件的参数进行设置，从而修改组件的外观和交互行为。巧妙地应用组件，可以让制作者无需自行构建复杂的用户界面元素，只需通过选择相应的组件，并为其添加适当的ActionScript脚本，即可轻松实现所需的交互功能。

11.1.2 组件的优点

组件可以将应用程序的设计过程和编码过程分开。通过使用组件，开发人员可以创建设计人员在应用程序中能用到的功能。下面对ActionScript 3.0组件的一些优点进行介绍。

● **ActionScript 3.0的强大功能**：提供了一种强大的、面向对象的编程语言。这是Flash Player发展过程中的重要一步。该语言的设计意图是在可重用代码的基础上构建丰富的Internet应用程序。

● **基于FLA的用户界面组件**：提供对外观的轻松访问，以便在创作时进行自定义操作。这些组件还提供样式（包括外观样式），用户可以利用样式来自定义组件的某些外观，并在运行时加载外观。

● **新的FVLPlayback组件**：添加了FLVPlaybackCaptioning组件及全屏支持、改进的实时

预览、允许用户添加颜色和 Alpha 设置的外观，以及改进的FLV下载和布局功能。

- "属性"检查器和"组件"检查器：允许在Flash CS6中进行创作时更改组件参数。
- ComboBox、List和TileList组件的新的集合对话框：允许通过用户界面填充它们的dataProvider 属性。
- ActionScript 3.0事件模型：允许应用程序侦听事件并调用事件处理函数进行响应。
- 管理器类：提供了一种在应用程序中处理焦点和管理样式的简便方法。
- UIComponent 基类：为扩展组件提供核心方法、属性和事件。
- 在基于UI FLA的组件中使用SWC：可提供ActionScript定义（作为组件的时间轴内部资源），用于加快编译速度。
- 便于扩展的类层次结构：可以使用ActionScript 3.0创建唯一的命名空间，按需要导入类，并且可以方便地创建子类来扩展组件。

11.1.3　组件的类型

在安装Flash时会自动安装Flash组件，根据其功能和应用范围，可将其分为User Interface组件（以下简称UI组件）和Video组件两大类。

- UI 组件：UI组件即User Interface组件，主要用于设置用户交互界面，并通过交互界面使用户与应用程序进行交互操作。在Flash CS6中，大多数交互操作都通过这类组件实现。在UI组件中，主要包括Button、CheckBox、ComboBox、RadioButton、List、TextArea和TextInupt等组件。
- Video 组件：Video组件主要用于对动画中的视频播放器和视频流进行交互操作，主要包括FLVPlayback、FLVPlaybackCaptioning、BackButton、PlayButton、SeekBar、PlayPauseButton 以及 VolumeBar、FullScreenButton 等交互组件。

11.1.4　常用组件

在Flash的组件中，Video组件通常只在涉及视频交互控制时才会应用。除此之外大部分交互操作都可通过UI组件来实现，因而在制作交互动画方面，UI组件是应用最广、最常用的组件。下面对各常用组件进行介绍。

- Button：是一个可调整大小的矩形按钮，用户可以用鼠标或空格键在应用程序中启动某个操作。Button是许多表单和Web应用程序的基础部分。当需要让用户启动一个事件时可以使用按钮实现。如大多数表单都有的"提交"按钮。
- CheckBox：是一个可以单击选中或撤销选中的复选框。被单击选中后，选择框中会出现一个复选标记，如表单上的复选框。用户可以为CheckBox添加一个文本标签，并可以将其放在CheckBox的左侧、右侧、上面或下面。
- ComboBox：允许用户从下拉列表中进行单一选择。ComboBox可以是静态的，也可以是可编辑的。可编辑的ComboBox允许用户在列表顶端的文本字段中直接输入文本。如果下拉列表超出文档底部，那该列表将会向上打开，而不是向下。ComboBox由3个子组件构成，分别为BaseButton、TextInput和List组件。
- RadioButton：允许用户在一组选项中选择一项。该组件必须用于至少有两个RadioButton实例的组。在任何给定的时刻，都只有一个组成员被选择。单击选中组中的一个单选项将撤销选中组内当前选中的单选项。
- List：是一个可滚动的单选或多选列表框。列表框还可显示图形和其他组件。在单击标签或数据参数字段时，会出现"值"对话框，可以使用该对话框添加显示在列表中的项目。也可以使用List.addItem()和List.addItemAt()方法将项添加到列表中。

- **TextArea**：是ActionScript TextField对象的包装，可以使用TextArea组件显示文本。如果editable属性为true，也可以用TextArea组件来编辑和接收文本输入。如果将wordWrap属性设置为true，则此组件可以显示或接收多行文本，并将较长的文本行换行。使用restrict属性限制用户能输入的字符，使用maxChars属性指定用户能输入的最大字符数。如果文本超出了文本区域的水平或垂直边界，则会自动出现水平和垂直滚动条，除非其关联的属性horizontalScrollPolicy和verticalScrollPolicy设置为off。在需要多行文本字段的任何地方都可使用TextArea组件。

- **TextInput**：是单行文本组件，可以使用setStyle()方法来设置textFormat属性，以更改TextInput实例中所显示文本的样式。TextInput组件还可以用HTML进行格式设置，或用作遮蔽文本的密码字段。

- **DataGrid**：允许将数据显示在行和列构成的网格中，并将数据从可以解析的数组或外部XML文件放入DataProvider的数组中。DataGrid组件包括垂直和水平滚动、事件支持（包括对可编辑单元格的支持）和排序功能。

11.1.5　应用组件

选择【窗口】/【组件】菜单命令，打开"组件"面板。从"组件"面板添加到舞台中的组件都带有参数，通过设置这些参数可以更改组件的外观和行为。参数是组件的类的属性，显示在"属性"检查器和"组件"检查器中。最常用的属性将显示为创作参数，其他参数必须使用 ActionScript 来设置。在创作时设置的所有参数都可以使用 ActionScript 来设置。

1．添加和删除组件

将基于FLA的组件从"组件"面板拖到舞台上时，Flash会将一个可编辑的影片剪辑导入到库中。将基于SWC的组件拖到舞台上时，Flash会将一个已编译的剪辑导入到库中。将组件导入到库中后，可以将组件的实例从"库"面板或"组件"面板拖入到舞台。下面对添加、删除组件的方法分别进行介绍。

- 添加组件：从"组件"面板拖动组件或双击组件，可以将组件添加到文档中。在"属性"检查器中或在"组件"检查器的"参数"选项卡中可以设置组件中每个实例的属性，如图11-2所示。

- 删除组件：在创作时若要从舞台中删除组件实例，只需选择该组件，然后按【Delete】键或单击"删除"按钮。若要从Flash文档删除该组件，必须从库中删除该组件及其关联的资源，如图11-3所示。

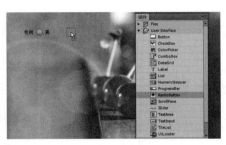

图11-2　添加组件

图11-3　删除组件

2．设置参数和属性

每个组件都带有参数，通过设置这些参数可以更改组件的外观和行为。参数是组件类的属性，显示在"属性"检查器和"组件"检查器中。大多数ActionScript 3.0 UI组件都从UIComponent类和基类继承属性和方法。这里可以使用"属性"面板、"值"对话框、"动作"面板等来设置组件实例的参数。下面对参数和属性的一些设置方法分别进行介绍。

● 输入组件的实例名称：在舞台上选择组件的一个实例，在"属性"面板的"实例名称"文本框中输入组件实例的名称。或者在"组件参数"栏中的组件标签中输入名称，如图11-4所示。

● 输入组件实例的参数：在舞台上选择组件的一个实例，在"属性"面板的"组件参数"栏中单击"编辑"按钮，打开"值"对话框。单击"添加"按钮添加选项，并设置选项的名称和值。设置完成后单击 确定 按钮，如图11-5所示。

图11-4　输入组件的实例名称

图11-5　输入组件实例的参数

● 设置组件属性：在ActionScript中，应使用点（.）运算符（点语法）访问属于舞台上的对象或实例的属性或方法。点语法表达式以实例的名称开头，后面跟着一个点，最后以要指定的元素结尾，如图11-6所示。

● 调整组件大小：组件不会自动调整大小以适合其标签，可以使用任意变形工具或setSize()方法调整组件实例的大小，如图11-7所示。

```
//设置 CheckBox 实例 aCh 的 width 属性, 使其宽度为 50 像素
aCh.width = 50;
//if 语句检查用户是否已选中该复选框
if (aCh.selected == true) {
    displayImg(redCar);
}
```

图11-6　设置组件属性

```
//调整为宽 200 像素、高 300 像素
aList.setSize(200, 300);
```

图11-7　调整组件大小

3．处理事件

每一个组件在用户与其交互时都会广播事件，比如，当用户单击一个Button按钮时，会调用MouseEvent.CLICK事件；当用户选择List中的一个项目时，List会调用Event.CHANGE事件。当组件发生重要事情时也会引发事件，比如，当UILoader实例完成内容加载时，会生成一个Event.COMPLETE事件。若要处理事件，需要编写在该事件被触发时需要执行的ActionScript代码。下面对关于事件侦听器和事件对象分别进行介绍。

● 关于事件侦听器：所有事件均由组件类的实例广播。通过调用组件实例的addEventListener() 方法，可以注册事件的"侦听器"，可以是一个组件，也可以是多个，如图11-8所示。

● **关于事件对象：** 事件对象继承Event对象类的一些属性，包含了有关所发生事件的信息，其中包括提供事件基本信息的target和type属性，如图11-9所示。

```
1  //向 Button 实例 aButton 添加了一个 MouseEvent.CLICK 事件的
   侦听器。
2  aButton. addEventListener(MouseEvent.CLICK, clickHandler);

3
4  //可以向一个组件实例注册多个侦听器。
5  aButton. addEventListener(MouseEvent.CLICK, clickHandler1);

6  aButton. addEventListener(MouseEvent.CLICK, clickHandler2);

7
8  //向多个组件实例注册一个侦听器。
9  aButton. addEventListener(MouseEvent.CLICK, clickHandler1);

10 bButton. addEventListener(MouseEvent.CLICK, clickHandler1);
```

图11-8 关于事帧听器

```
1  //使用 evtObj 事件对象的 target 属性来访问 aButton 的 label
   属性并将它显示在 "输出" 面板中：
2  import fl.controls.Button;
3  import flash. events. MouseEvent;
4
5  var aButton:Button = new Button();
6  aButton. label = "Submit";
7  addChild(aButton);
8  aButton. addEventListener(MouseEvent.CLICK, clickHandler);
9
10 function clickHandler(evtObj:MouseEvent){
11 trace("The " + evtObj.target.label + " button was clicked
   );
12 }
```

图11-9 关于事件对象

11.1.6　制作留言板文档

（1）选择【文件】/【新建】菜单命令，新建一个500像素×370像素的空白文档。选择【文件】/【导入】/【导入到舞台】菜单命令，将 "BBS背景.jpg" 图像导入舞台中，并使其与舞台重合，在第2帧中插入帧。

（2）新建 "图层2"，选择第1帧。在 "工具" 面板中选择文本工具 **T**，在 "属性" 面板中将 "系列、大小、颜色" 设置为 "迷你简中特广告、25.0、黑色" 在背景图片的上方输入 "BBS留言板" 文本。

（3）再次选择文本工具 **T**，在 "属性" 面板中将 "系列、大小、颜色" 设置为 "华文琥珀、14.0、黑色"，在舞台中输入如图11-10所示的文本，并分别对其进行对齐操作。

（4）新建 "图层3"，选择【窗口】/【组件】菜单命令，打开 "组件" 面板，选择TextArea组件，将其移动到其他复选框后方。在 "属性" 面板中设置 "宽" "高" 分别为 "80.00" "25.00"，效果如图11-11所示。

微课视频

制作留言板文档

图11-10 输入文本

图11-11 添加TextArea组件

（5）选择RadioButton组件，拖动至性别问题后方，在 "属性" 面板中将组件的 "groupName" "Label" 设置为 "xingbie" "男"，使用相同的方法添加一个RadioButton组件，将 "Label" 设置为 "女"，如图11-12所示。

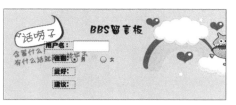

图11-12　添加RadioButton组件

（6）使用相同的方法添加4个RadioButton组件，将"groupName"都设置为"aihao"，将"Label"分别设置为"旅游""听音乐""体育""看书"，再添加一个TextArea组件，将"宽""高"设置为"230.00""70.00"，如图11-13所示。

（7）选择Button组件，将其拖动到舞台的下方。在"属性"面板中设置实例名称为"onclick1"，将"labels"设置为"提交"，将"宽""高"设置为"60.00""22.00"，如图11-14所示。

图11-13　添加组件

图11-14　添加Button组件

（8）新建"图层4"，在第2帧插入关键帧，将"图层2"中的"BBS留言板"文档复制并原位粘贴到"图层4"中的第2帧上，选择文本工具绘制一个矩形，在"属性"面板中设置"系列""大小""颜色"分别为"黑体""26.0""黑色"，如图11-15所示。

（9）选择Button组件，将其拖动到舞台的下方。在"属性"面板中设置实例名称为"onclick2"，将"labels"设置为"重写"，如图11-16所示。

图11-15　设置文本属性

图11-16　添加Button组件

（10）新建"图层5"，在第1帧插入关键帧，按【F9】键，打开"动作"面板，为其添加如图11-17所示的语句。

（11）在第2帧插入关键帧，在"动作"面板中输入如图11-18所示的语句。

```
1   stop();
2   var temp:String="";
3   var xingbie:String="男";
4   function _tijiaoclickHandler(event:MouseEvent):void {
5
6       //取得当前的数据
7       temp="姓名: "+_name.text;
8
9   temp+="\r性别: "+xingbie;
10  temp+="\r爱好: "+aihao;
11  temp+="\r建议: "+jianyi.text;
12  //跳转
13      this.gotoAndStop(2);
14  }
15  onclick1.addEventListener(MouseEvent.CLICK, _tijiaoclickHandler);
16  //性别
17  function clickHandler1(event:MouseEvent):void {
18      xingbie=event.currentTarget.label;
19  }
20  _man.addEventListener(MouseEvent.CLICK, clickHandler1);
21  _girl.addEventListener(MouseEvent.CLICK, clickHandler1);
22
23
24  //爱好
25  function clickHandler2(event:MouseEvent):void {
26      aihao=event.currentTarget.label;
27  }
28  aihao1.addEventListener(MouseEvent.CLICK, clickHandler2);
29  aihao2.addEventListener(MouseEvent.CLICK, clickHandler2);
30  aihao3.addEventListener(MouseEvent.CLICK, clickHandler2);
32  |
```

图11-17　添加语句

```
1   _liouyan.text=temp;
2   stop();
3   function _backclickHandler(event:MouseEvent):void {
4       gotoAndStop(1);
5   }
6   onclick2.addEventListener(MouseEvent.CLICK, _backclickHandler);
```

图11-18　添加语句

（12）按【Ctrl+Enter】组合键测试动画，在第一个页面填写留言后，单击 提交 按钮后可进入重写界面。

知识提示

文本的使用

在使用文本工具创建文本时，最好使用设备中自带的字体，否则在没有安装使用字体的电脑上运行文件会产生错误。

11.2　课堂案例：制作问卷调查表

老洪看了米拉制作的留言板后甚是满意，于是老洪又让米拉制作一份问卷调查表。要完成本任务，首先将输入调查的主要内容，然后通过文本域组件、按钮组件、单选项组件来实现用户的交互操作。比如，输入文字、选择单选项或多选项，然后通过添加语句，使用户填写调查表后能返回得到的结果。这也是制作调查表的目的。本例完成后的效果如图11-19所示。

素材所在位置　素材文件\第11章\课堂案例\调查表背景.jpg
效果所在位置　效果文件\第11章\课堂案例\问卷调查表.fla

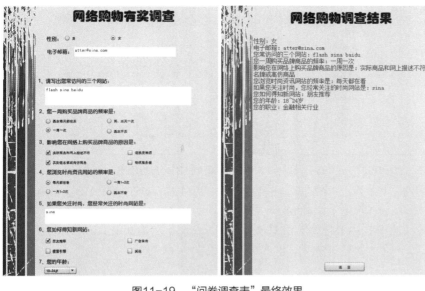

扫一扫

"调查问卷"彩图
效果

图11-19 "问卷调查表"最终效果

11.2.1 认识对象

ActionScript是一种面向对象的编程语言。组织程序中脚本需使用到对象。假如定义了一个影片剪辑元件，并已在舞台上放置了该元件，从严格意义上来说，该影片剪辑元件也是ActionScript中的一个对象。任何对象都可以包含3种类型的特性：属性、方法和事件。这3种特性的含义如下。

● 属性：属性表示某个对象中绑定在一起的若干数据块中的一个。可以像使用各变量那样使用属性。比如，song对象可以包含名为artist和title的属性；MovieClip类具有rotation、x、width、height和alpha等属性。

● 方法：方法是对象可执行的动作。比如，影片剪辑可以播放、停止或根据命令将播放头移动到特定帧。

● 事件：事件是确定计算机执行哪些指令及何时执行的机制。本质上，事件就是所发生的、ActionScript能够识别并可响应的事情。许多事件与用户交互相关联，如用户单击某个按钮或按键盘上的某个键，又如使用ActionScript加载外部图像时，有一个事件可以让用户知道图像何时加载完毕。当ActionScript程序运行时，从概念上讲，它只是坐等某些事情发生。发生这些事情时，为这些事件指定的特定ActionScript代码运行。

11.2.2 鼠标事件

用户可以使用鼠标事件来控制影片的播放、停止及 x、y、alpha和visible属性等。在ActionScript中用MouseEvent表示鼠标事件，而鼠标事件又包括单击、跟随、经过和拖拽等。下面对常用的鼠标事件进行介绍。

● 鼠标单击：常使用单击按钮来控制影片的播放、属性等，用CLICK表示鼠标单击。下面语句表示通过单击按钮btnmc响应影片mc的属性，如图11-20所示。

● 鼠标跟随：可以通过将实例x、y属性与鼠标坐标绑定来实现让文字或图形实例跟随鼠标移动。只需定义函数 txt，值为一串文字，然后让其跟随鼠标，如图11-21所示。

```
1  import flash.events.MouseEvent;
2  mc.stop();
3
4  function mcx(event:MouseEvent):void
5  {
6      mc.visible = true;
7      mc.play();
8  }
9  btnmc.addEventListener(MouseEvent.CLICK,mcx);
```

图11-20 鼠标单击

```
1   var arr=new Array();
2   var txt = "WLCOME";
3   var len = txt.length;
4   for (var j=0; j<len; j++)
5   {
6       var mc=new txtmc();
7       arr[j] = addChild(mc);
8       arr[j].txt.text = txt.substr(j,1);
9       arr[j].x = 0;
10      arr[j].y = 0;
11  }
12  addEventListener(Event.ENTER_FRAME, run);
13  function run(evt)
14  {
15      for (var j=0; j<len; j++)
16      {
17          arr[j].x=arr[i]+(mouseX-arr[j].x)/(1+j)+10;
18          arr[j].y=arr[i]+(mouseY-arr[j].y)/(1+j);
19      }
20  }
```

图11-21 鼠标跟随

- 鼠标经过：常使用鼠标经过来制作一些特效动画，用 MOUSE_MOVE表示鼠标经过。图11-22所示为语句用于鼠标经过时添加并显示实例paopao。
- 鼠标拖曳：可以使用鼠标来拖曳实例对象，startDrag表示开始拖曳，stopDrag表示停止拖曳。图11-23所示为对实例对象 ball 进行拖曳。

```
1   var i = 0;
2   var k = 0;
3   var del = false;
4   var pao:Array=new Array();
5   //定义pao为数组对象
6   function run(evt)
7   {
8       K++;
9       if (k == 10)
10      {
11          var pp=new paopao();
12          pao[i] = addChild(pp);   //添加并显示实例
13          pao[i].x = mouseX;
14          pao[i].y = mouseY;
15          i++;
16          if (i == 10)
17          {
18              i = 0;
19              del = true;
20          }
21          k = 0;
22      }
23  }
24  addEventListener(MouseEvent.MOUSE_MOVE,run);
```

图11-22 鼠标经过

```
1   ball.addEventListener(MouseEvent.MOUSE_DOWN, run);
2   function run(evt)
3   {
4       ball.startDrag();
5   }
6   ball.addEventListener(MouseEvent.MOUSE_UP, run);
7   function run(evt)
8   {
9       ball.stopDrag();
10  }
```

图11-23 鼠标拖曳

11.2.3 键盘事件

在玩一些Flash小游戏时，玩家往往需要使用键盘来操作。其实这是通过键盘事件编辑完成的，用户可以按下键盘的某个键来响应事件。

11.2.4 输入问卷调查表文本

要制作问卷调查表，需先进行问卷调查表的文本输入，其具体操作如下。

微课视频

输入问卷调查表文本

（1）新建一个尺寸为975像素×1300像素的ActionScript 3.0空白动画文档。按【Ctrl+R】组合键，打开"导入到舞台"对话框，将"调查表背景.png"图像导入到舞台中。

（2）将"图层1"重命名为"背景"，按【F6】键插入关键帧。新建"图层2"，并将其重命名为"标题"，选择第1帧，如图11-24所示。

（3）选择文本工具**T**，在"属性"面板中设置"系列""大小""颜色"分别为"华文琥珀""40.0点""#000000"。在舞台中输入"网络购物有奖调查"文本。按【F6】键，新建关键帧，将"网络购物有奖调查"文本修改为"网络购物调查结果"文本，如图11-25所示。

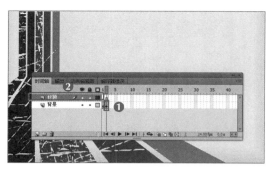

图11-24 新建图层	图11-25 输入文本

（4）新建图层，并将其重命名为"项目"图层，选择第1帧，再选择文本工具 T 。在"属性"
面板中设置"系列""大小""颜色"分别为"汉仪中圆简""16.0点""#000000"，
然后再在舞台中输入调查表的相关问题，如图11-26所示。

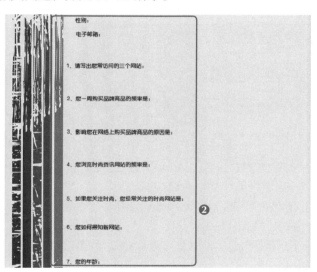

图11-26 输入文本

11.2.5 添加组件并设置属性

下面将添加组件并对各组件的属性进行设置，具体操作如下。

微课视频

添加组件并设置属性

（1）新建图层，并将其重命名为"组件"图层，选择第1帧。选择
【窗口】/【组件】菜单命令，打开"组件"面板。展开"User
Interface"文件夹，选择"RadioButton"选项，再将其移动到
"性别"文本后，插入组件，如图11-27所示。

（2）选择组件，在"属性"面板中设置"实例名
称""groupName""label"分别为"_ll""Radio-sex""男"。使用相同的方法，
再添加一个"RadioButton"组件，并设置为"女"，如图11-28所示。

（3）选择文本工具 T ，使用鼠标在"电子邮箱"文本后面绘制一个文本框。选择文本
框，在"属性"面板中设置"实例名称""文本引擎""文本类型"分别为"_
mail""TLF文本""可编辑"，设置"容器背景颜色"为"#FFFFFF"。使用相同的
方法编辑问题1下的文本框，设置其"实例名称"为"_wed"，如图11-29所示。

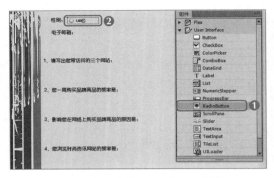

图11-27　插入RadioButton组件

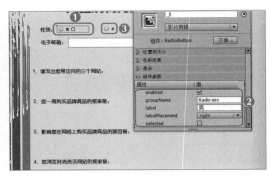

图11-28　设置组件属性

（4）在问题2下插入4个RadioButton组件，在"属性"面板中设置第1个RadioButton组件的"实例名称""groupName""label"分别为"buy1""buy-time""基本每天都在买"。使用相同的方法，设置其他3个RadioButton组件，如图11-30所示。

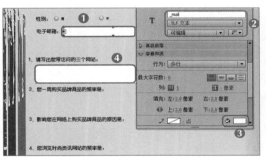

图11-29　制作文本框

图11-30　为问题2插入选项

（5）在问题3下插入4个CheckBox组件，在"属性"面板中根据需要分别设置其实例名称和label，如图11-31所示。

（6）使用相同的方法，为问题4~6插入问题选项，如图11-32所示。

图11-31　为问题3插入选项

图11-32　插入其他组件

（7）在问题7下插入1个ComboBox组件。在"属性"面板中设置"实例名称"为"_age"，设置"rowCount"为"4"，单击☑按钮，如图11-33所示。

（8）打开"值"对话框，在其中输入年龄段，并为其设置date值，单击 确定 按钮，如图11-34所示。使用相同的方法在问题8下插入ComboBox组件。

图11-33 插入组件　　　　　图11-34 设置date值

（9）在页面底部插入1个Button组件，在"属性"面板中设置"实例名称""label"分别为
　　　"_tijiao""提交"，如图11-35所示。

（10）在第2帧插入关键帧。在舞台中使用文本工具 **T** 绘制一个文本框，再插入1个Button组
　　　件，在"属性"面板中设置"实例名称""label"分别为"_back""返回"。在"属
　　　性"面板中设置实例名称和label，如图11-36所示。

图11-35 插入Button组件　　　　　图11-36 绘制文本框

（11）新建图层，并将其重命名为"AS"，选择第1帧。再选择【窗口】/【动作】菜单命
　　　令，在打开的"动作"面板中输入脚本，如图11-37所示。

图11-37 在第1帧中输入脚本

（12）选择第2帧，在其中插入关键帧。在"动作"面板中输入脚本，如图11-38所示。

（13）保存文档，按【Ctrl+Enter】组合键测试播放效果，完成制作。

图11-38　在第2帧中输入脚本

问卷制作的注意事项

在制作问卷时应避免使用应答者不明白的用语，提问的内容要具体且不能涉及隐私，同时需要确保问题易于回答，不要做过多的假设性提问。

11.3　项目实训

11.3.1　制作"24小时反馈问卷"文档

1．实训目标

本实训的目标是制作读者反馈问卷，问卷内容包括读者姓名、年龄、性别、购买书籍的种类、喜欢的排版方式、购书渠道，以及对书籍的意见。首先需要输入文字，然后添加各种组件以实现用户交互，最后添加脚本并测试动画。本实训的效果如图11-39所示。

微课视频

制作"24小时反馈问卷"文档

素材所在位置　素材文件\第11章\项目实训\反馈问卷\
效果所在位置　效果文件\第11章\项目实训\24小时反馈问卷.fla

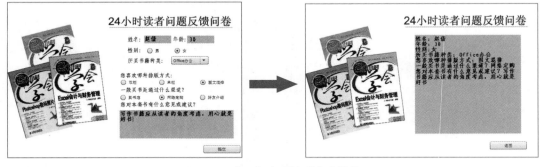

图11-39　"24小时反馈问卷"文档效果

2．专业背景

随着社会的发展，各行各业都需要掌握第一手的资料，特别是消费者对于自身产品的意见和态度，对许多行业来说决定了行业的走向。因此，许多公司在推出新产品之前或之后都会制作调查问卷在网上传播，以在最短的时间内获得最快速地反馈。

市场调查是市场运作中不可缺少的一个环节，市场调查的方式和方法，也将影响企业在公众心中的形象，因此，一份好的调查问卷需要注意应尊重公众、慎重选择所提问题，问题的组织要有顺序，合乎逻辑，文字简洁、明确、通俗易懂，备选答案力求全面，避免出现重大遗漏。如果提问者对问卷实在没有把握，可先在小范围内进行测试，请部分公众回答问题，然后再进行分析，查看问卷是否稳妥。

3．操作思路

完成本实训主要包括使用文本工具![T]添加文本，添加并设置RadioButton、ComboBox和Button组件，以及添加脚本代码等三大步操作，操作思路如图11-40所示。

① 添加文本容器　　　　② 添加按钮组件　　　　③ 添加脚本并测试

图11-40　"24小时反馈问卷"制作思路

【步骤提示】

（1）新建文档，导入素材文件夹中的图片，将其放置在"图层1"中，在该图层中选择第2帧，按【F5】键插入普通帧。

（2）在工具栏中选择文本工具![T]，新建"图层2"并删除该图层的第2帧，然后在第1帧中输入标题和提问的文本，使用矩形工具，在"姓名""年龄"文本右侧和"您对本套书有什么意见或建议"文本下方绘制矩形，关闭笔触，将填充颜色设置为"FFCC99"。

（3）新建"图层3"，删除该图层的第2帧，然后在第1帧中，使用文本工具![T]在矩形所在位置绘制类型为"输入文本"的"传统文本"，并在该帧中添加RadioButton组件，设置其属性，将不同问题下的RadioButton命名为不同的组。

（4）添加ComboBox组件，并设置其列表参数，添加Button组件，更改其label名称。新建"图层4"，在第2帧中插入空白关键帧，并在其中输入反馈结果文本，并绘制矩形和文本框，然后添加Button组件，更改label名称。

（5）新建"图层5"，分别在第1帧和第2帧的动作面板中输入不同的脚本代码，完成后进行测试，最后保存即可。

11.3.2　制作"美食问卷调查"文档

1．实训目标

本实训将制作"美食问卷调查"文档。首先需要输入关于美食的一些问题。然后添加组件，使用用户能直接输入相关的文字，同时将设置关于选择的单选项组件，并添加能进行多项选择的复选框组件。最后添加能单击的按钮，为按钮添加脚本，并测试动画。本实训完成后的参考效果如图11-41所示。

微课视频

制作"美食问卷调查"文档

素材所在位置　素材文件\第11章\项目实训\美食问卷调查.fla
效果所在位置　效果文件\第11章\项目实训\美食问卷调查.fla

图11-41　"窗外"动画文档最终设置效果

2．专业背景

通过组件完成交互式动画时，需要注意一些原则。在添加RadioButton组件时，必须要有两个或两个以上的RadioButton组件添加到舞台中才有意义。将列表框添加到舞台中后，将"verticalScrollPolicy"和"horizontalScrollPolicy"参数设置为on，则可以获取对垂直滚动条和水平滚动条的引用。选择off选项将不显示水平滚动条，选择"auto"选项将根据内容自动选择是否显示水平滚动条。ScrollPane组件中比较重要的参数是"source"，通常都是动态获取所需要的图像、动画和文本等。在为"性别""爱好"设置单选项组件属性时，必须是在"groupName"后面为其设置组名和实例名称，否则在添加语句时无法调用它们。

3．操作思路

完成本实训主要包括添加TextInput组件、添加TextArea组件、添加RodioButton组件、添加CheckBox组件、添加Button组件、输入脚本测试动画，操作思路如图11-42所示。

①添加TextInput和TextArea组件　　②添加组件　　③输入脚本测试动画

图11-42　"美食问卷调查"文档制作思路

【步骤提示】

（1）打开素材"美食问卷调查.fla"文档，新建一个图层，将其重命名为"组件"。选择该图层第1帧，打开"组件"面板，按住"TextInput"组件不放，并将其拖曳到舞台中。

（2）选择"TextInput"组件，在其"属性"面板中展开"组件参数"栏，在"maxChars"参数右侧的文本框中输入"5"，将该组件的实例名称更改为"mz"。

（3）双击"User Interface"文件夹，在其中按住"TextArea"组件不放，并将其拖曳到舞台中，在其"属性"面板中将其实例名称更改为"xd"，在"组件参数"栏中单击"horizontalScrollPolicy"右侧的下拉按钮，在打开的列表中选择"off"选项。

（4）添加"RadioButton"组件，在其"属性"面板中将其实例名称更改为"man"，将其

"groupName""label"参数设置为"sex""男"。

（5）在舞台中单击RadioButton组件不放并向右拖曳，复制一个组件，选中复制的组件，在其"属性"面板中将实例名称更改为"woman"，将"label"设置为"女"。

（6）添加"CheckBox""RadioButton""Button"组件，并设置其参数

（7）新建图层，插入空白关键帧，打开"动作"面板，输入代码并测试动画。

11.4 课后练习

本章主要介绍了Flash CS6中组件的使用，包括对TextInput组件、TextArea组件、RadioButton组件、CheckBox组件、Button组件、ComboBox组件和UILoader组件的认识和理解，以及如何使用这些组件等知识。对于本章的内容，读者应认真学习和掌握，以便为制作交互式网页打下良好的基础。

练习1：制作"个人信息登记"文档

要完成该任务，除了要用到 RadioButton 组件和 Button 组件外，还将涉及 ComboBox 和 Loader 等其他组件的使用。首先制作通过下拉列表的方式选择性别，然后制作能输入基本信息的文本框，并在头像的位置植入图片，最后输入代码以返回个人信息。制作后的效果如图11-43所示。

微课视频

制作"个人信息登记"文档

素材所在位置 素材文件\第11章\课后练习\个人信息登记.fla、tp.jpg
效果所在位置 效果文件\第11章\课后练习\人信息登记.fla

操作要求如下。

● 添加"Button"组件，设置实例名称为"box1"，设置"rowCount"为"2"，添加"男""女"值。

● 添加"ComboBox"组件，并添加各种年份的值。

● 添加"UILoader"组件，将实例名称设置为"UIa"，在"组件参数"栏的"source"文本框中输入图片所在位置。

● 添加"TextInput"组件，并设置其参数。

● 添加"Button"组件，在"属性"面板中将其实例名称更改为"tj"，在"label"文本框中输入

图11-43 "个人信息登记"效果

"提交"文本。在"组件"图层的第2帧中再次拖入Button组件，在"属性"面板中将其实例名称更改为"fh"，在"label"文本框中输入"返回"。

● 在"actions"图层的第1帧中插入空白关键帧。选择"actions"图层的第1帧，按【F9】键打开"动作"面板，在其中输入脚本代码。选择"actions"图层的第2帧，按【F7】键插入空白关键帧，输入代码，测试动画。

练习2：制作产品问卷调查

微课视频

制作产品问卷调查

本练习将制作产品问卷调查，主要通过Flash的各种组件实现相关功能。首先导入背景图片。然后，使用文字工具输入调查的文字，并绘制矩形制作需要用户填写的文本框。最后，添加单选项和按钮文本框，输入脚本代码并测试动画。制作后的效果如图11-44所示。

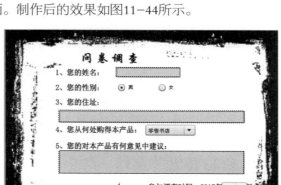

图11-44　"产品问卷调查"效果

素材所在位置　素材文件\第11章\课后练习\背景.bmp
效果所在位置　效果文件\第11章\课后练习\产品问卷调查.fla

操作要求如下。

● 新建文档，导入背景图片；新建"图层2"，使用文本工具在其中输入问卷调查的内容；再新建"图层3"，使用矩形工具在需要填写文本的地方绘制蓝色矩形。

● 新建"图层4"，在其中添加组件和输入文本；新建"图层5"，在其第2帧中制作问卷调查反馈界面，并添加组件和输入文本。

● 新建"图层6"，在第1帧和第2帧中输入脚本代码，最后测试保存。

11.5　技巧提升

1. 修改组件的外观

在舞台中双击要更改外观的组件，打开该组件的编辑界面，在其中将显示该组件所有状态对应的外观样式，双击要更改的某个状态所对应的外观样式，即可进入该样式的编辑界面对其进行修改。修改完成后，修改的样式会应用到动画中所有的这类组件中。比如，要修改鼠标指针移动到按钮上时Button组件的颜色，可以双击该Button组件，进入编辑窗口，然后双击"selected_over"外观，在元件编辑模式下打开它，将缩放控制设置为400%，以便放大图标进行编辑，并双击背景，在"颜色"面板中重新设置颜色即可。

还可以通过ActionScript脚本来控制组件的外观，通过为组件关联setStyle()语句即可对指定组件的外观、颜色和字体等内容进行修改，如"glb.setStyle("textFormat",myFormat);"。关于setStyle()语句的具体应用及相关的属性，可参见"帮助"面板中的相关内容。

2．"窗口"菜单中的"组件检查器"的作用

组件检查器主要用于显示和修改所选组件的参数和属性。选择【窗口】/【组件检查器】菜单命令，将打开"组件检查器"面板，在场景中选择要检查的组件，在"组件检查器"面板中的"参数"选项卡中将显示该组件参数设置的相关信息，其修改方法与在"属性"面板中修改其参数相同。

3．为什么输入语句后，在检查语句时出现错误

出现这种情况通常有两个原因。一是在输入语句的过程中，输入了错误的字母或输入字母的大小写有误，使得Flash CS6无法正常判断语句。对于这种情况，应仔细检查输入的语句，并对错误进行修改。二是输入的标点符号采用了中文格式，即输入了中文格式的分号、冒号或括号等。在Flash CS6中，ActionScript语句只能采用英文格式的标点符号。此时，可将标点符号的输入格式设置为英文状态，重新输入标点符号即可。

4．ScrollPane组件

Flash CS6中的组件较多，使用其中的组件可快速制作出令人满意的网页效果。下面讲解Scrollpane组件及其组件参数的意义。

ScrollPane组件在一个可滚动区域中显示影片剪辑、JPEG文件和SWF文件，图11-45所示为其组件参数。通过使用滚动窗格，可以限制这些媒体类型所占用的屏幕区域的大小。

图11-45　ScrollPane组件参数

201

- source：指示要加载到滚动窗格中的内容。该值可以是本地SWF或JPEG文件的相对路径，或Internet上的文件的相对或绝对路径。也可以是设置为"为 ActionScript 导出"的库中的影片剪辑元件的链接标识符。
- horizontalLineScrollSize：指示每次单击键盘上的箭头键时水平滚动条移动多少个单位。默认值为"5"。
- horizontalPageScrollSize：指示每次单击轨道时水平滚动条移动多少个单位。默认值为"20"。
- horizontalScrollPolicy：显示水平滚动条。该值可以是"on""off"或"auto"。默认值为"auto"。
- scrollDrag：是一个布尔值，用于确定当用户在滚动窗格中拖动内容时是(true)否(false)发生滚动。默认值为"false"。
- verticalLineScrollSize：指示每次单击滚动箭头时垂直滚动条移动多少个单位。默认值为"5"。
- verticalPageScrollSize：指示每次单击滚动条轨道时垂直滚动条移动多少个单位。默认值为"20"。
- verticalScrollPolicy：显示垂直滚动条。该值可以是"on""off"或"auto"。默认值为"auto"。

CHAPTER 12

第12章
优化与发布动画

情景导入

　　米拉从初学Flash到现在，已经能独当一面了，可以独立制作出令人满意的作品。下面米拉还需要学会Flash动画的后期操作，即优化与发布动画。

学习目标

● 掌握优化刺猬动画的方法

　　如优化动画、测试动画、优化动画文档等知识。

● 掌握发布风景动画的方法

　　如设置发布格式、发布预览、发布AIR for Android应用程序、导出图像和图形、导出视频和声音、发布动画等知识。

案例展示

▲优化刺猬动画

夜色朦胧

▲发布风景动画

12.1 课堂案例：优化刺猬动画

测试动画贯穿整个Flash动画的制作过程，读者应该养成按【Ctrl+Enter】组合键随时测试动画的习惯。在Flash制作后期，还应该对Flash动画进行优化，以便缩减Flash文档的大小，利于Flash的快速加载。本例将优化刺猬动画。在优化过程中，首先将把元件转换并优化，使文档更小且画面更美，然后对文字进行优化，使文字效果更加漂亮，最后导入声音，使动画更加完整。本例完成后的效果如图12-1所示。

素材所在位置	素材文件\第12章\课堂案例\刺猬.fla、fcmb.mp3
效果所在位置	效果文件\第12章\课堂案例\刺猬.fla

扫一扫

刺猬动画效果

图12-1 优化刺猬动画

12.1.1 优化动画

网络中的动画下载和播放时间很大程度上取决于文件的大小，Flash动画文件越大，其下载和播放速度就越慢，容易产生停顿，影响动画的点击率。因此为了动画的快速传播，就必须优化动画，减小文件大小。

1．优化动画文件

在制作Flash动画的过程中应注意对动画文件的优化，对动画文件进行优化主要有以下3个方面。

● 将动画中相同的对象转换为元件，在需要使用时可直接从库中调用，可以很好地减少动画的数据量。

● 位图比矢量图的体积大得多，调用素材时最好使用矢量图，尽量避免使用位图。

● 因为补间动画中的过渡帧是系统计算得到的，逐帧动画的过渡帧是通过用户添加对象而得到的，补间动画的数据量相对于逐帧动画而言要小得多。因此，制作动画时最好减少逐帧动画的使用，尽量使用补间动画。

2．优化动画元素

在制作动画的过程中，还应该注意对元素进行优化，对元素的优化主要有以下6个方面。

● 尽量对动画中的各元素进行分层管理。

● 尽量减小矢量图形的形状复杂程度。

● 尽量少导入素材，特别是位图，因为位图会大幅增加动画体积的大小。

● 导入声音文件时尽量使用MP3这种体积相对较小的声音格式。

● 尽量减少特殊形状矢量线条的应用，如锯齿状线条、虚线和点线等。

● 尽量使用矢量线条替换矢量色块，因为矢量线条的数据量相对于矢量色块小得多。

3．优化文本

在制作动画时常常会用到文本内容，因此还应对文本进行优化，对文本的优化主要以下两个方面。

● 使用文本时最好不要运用太多种类的字体和样式，因为使用过多的字体和样式也会使动画的数据量加大。

● 如果可能，尽量不要将文字打散。

12.1.2　测试动画

完成动画的制作后，为了降低动画播放时的出错率，需先对动画进行测试。测试动画主要包括：查看动画的画面效果，检查是否出现明显错误，模拟下载状态及对动画中添加的ActionScripttraue语句进行调试等。

1．测试文档

为验证Flash动画的效果是否达到预期的效果和动画中是否有明显错误，在制作Flash动画的过程中及完成后，都需要对制作的Flash动画进行测试。对于一般的动画用户只需要按【Ctrl+Enter】组合键便能对Flash动画进行预览，通过预览的结果便可知道该Flash动画是否需要修改。

若需要测试的Flash动画中包含ActionScript语言，则最好通过调试的方法来对该动画进行测试，其方法是：打开要测试的动画，选择【调试】/【调试影片】/【调试】菜单命令，打开"Adobe Flash Player"窗口，如图12-2所示，打开"ActionScript调试器"面板。在"ActionScript调试器"面板中，单击"继续"按钮▷，如图12-3所示。用户即可在播放动画时查看并修改变量和属性的值。此外，还可通过"ActionScript调试器"对话框的断点停止动画文件逐行跟踪ActionScript代码，以方便用户对其进行编辑。

图12-2　显示动画的"Adobe Flash Player"窗口

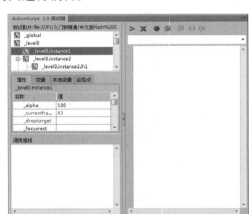

图12-3　"调试器"面板

2．查看"宽带设置"面板

除了测试文档外，用户还可通过"宽带设置"面板对文件的总大小、总帧数、舞台尺寸及数据的分布等信息进行分析，查看是否有某一帧或某几帧的位置包含了大量的数据，而造成动画出现停顿的情况。打开"宽带设置"面板的方法是：打开Flash动画文件，按【Ctrl+Enter】组合键预览动画；在打开的"Adobe Flash Player"窗口中，选择【视图】/

【宽带设置】菜单命令，此时在"Adobe Flash Player"窗口上方将出现"宽带设置"面板，同时显示该Flash动画文件的相关信息，如图12-4所示。

图12-4 查看"宽带设置"面板

3．测试下载性能

测试下载速度也是很好的测试动画的方法之一。测试下载性能就是模拟在网络环境中下载观看该Flash动画的速度。测试下载性能的方法是：打开Flash动画文件，按【Ctrl+Enter】组合键预览动画；在打开的"Adobe Flash Player"窗口，选择【视图】/【模拟下载】菜单命令，开始模拟网络的下载。"宽带设置"面板左侧的信息栏中显示加载的速度和百分比，在上方的时间轴中以绿色底纹表示已经加载的内容，加载了一定动画内容后就将播放已加载的动画内容，如图12-5所示。

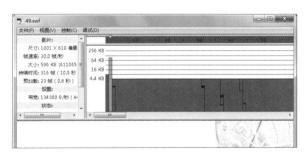

图12-5 测试下载速度

12.1.3 优化动画文档

下面将介绍元件的转换与优化，以及对文字进行优化并导入声音，具体操作步骤如下。

（1）打开"刺猬.fla"动画文档。锁定所有图层，解锁"图层1"，使用墨水瓶工具 为背景图形填充轮廓线条，如图12-6所示。

（2）隐藏锁定的图层。选择"图层1"中的所有曲线。选择【修改】/【形状】/【优化】菜单命令，在打开的"优化曲线"对话框中设置"优化强度"为"60"，单击 确定 按钮，如图12-7所示。

微课视频

优化动画文档

图12-6　打开动画文档

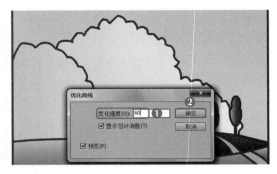

图12-7　优化曲线

（3）选择"小树"图形，然后按【F8】键，在打开的"转换为元件"对话框中设置"名称""类型"分别为"小树""图形"，单击 确定 按钮，如图12-8所示。

（4）选择并删除背景图形中的小树。从"库"面板中拖入几个"小树"元件到舞台中，创建小树实例。调整小树大小和位置，如图12-9所示。

图12-8　转换为元件

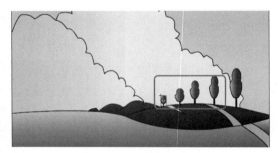

图12-9　创建元件实例

（5）选择舞台中近处的草坪，使用前景色将其填充为"#00CC00"，再将其转换为纯色，如图12-10所示。

（6）选择所有轮廓曲线，然后按【Delete】键将其删除，如图12-11所示。

图12-10　减少颜色渐变

图12-11　删除轮廓曲线

知识提示

删除轮廓线的作用

　　删除轮廓曲线，不但能使动画文档变小，而且能使画面看起来更加简洁。

（7）解锁"图层3"，删除房子的轮廓曲线。按【F8】键打开"转换为元件"对话框，在其中设置"名称""类型"分别为"房子""图形"，单击 确定 按钮，如图12-12所示。

（8）显示所有图层。选择刺猬动画图层的所有帧，然后单击鼠标右键，在弹出的快捷菜单中选择"复制帧"命令。

（9）新建"刺猬"影片剪辑元件，在第1帧处单击鼠标右键，在弹出的快捷菜单中选择"粘贴帧"命令，粘贴刺猬的动作，如图12-13所示。

图12-12 转换房子

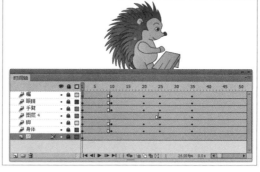

图12-13 创建影片剪辑元件

（10）新建"叶子1"影片剪辑元件，使用相同的方法将"图层4"的所有帧复制到影片剪辑元件中，创建枫叶动画影片，如图12-14所示。

（11）删除动画片段图层后，新建两个图层，并从"库"中分别将"刺猬"元件和"叶子1"元件拖入到新建图层的第1帧中，如图12-15所示。

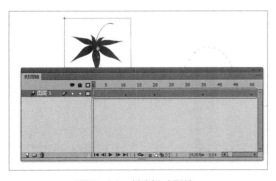

图12-14 创建枫叶影片

图12-15 创建影片元件实例

（12）在"库"面板中分别双击文本元件。打开文字编辑窗口，选择文字，将字体设置为"宋体"，删除其应用的滤镜效果，设置后的效果如图12-16所示。

（13）选择【文件】/【导入】/【导入到库】菜单命令，导入"fcmd.mp3"声音文件到库中。新建图层，并选择第1帧。在"属性"面板中设置"名称"为"fcmd.mp3"，为动画添加声音，如图12-17所示。

（14）保存文档，按【Ctrl+Enter】组合键进行最终测试，完成整个动画的优化与测试。

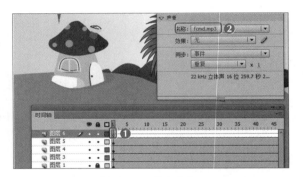

图12-16　优化文字

图12-17　导入声音

行业提示

测试动画的注意事项

① Flash动画的体积是否处于最小状态，能否更小一些；② Flash动画是否按照设计思路达到预期的效果；③ 在网络环境下，是否能正常地下载和观看动画。

12.2　课堂案例：发布风景动画

Flash制作的动画源文件格式为FLA，所以在完成动画作品的制作后，需要将FLA格式的文件发布成便于网上发布或在计算机中播放的格式。FLA可以发布成多种格式，而本例将发布风景动画。在发布时，首先打开文档，测试文件是否能正常播放，然后发布为SWF文件和HTML文件。本例的效果如图12-18所示。

素材所在位置　素材文件\第12章\课堂案例\风景.fla
效果所在位置　效果文件\第12章\课堂案例\风景\

图12-18　发布风景动画

扫一扫

"风景"动画效果

12.2.1　设置发布格式

在发布Flash影片时，最好创建一个文件夹保存发布的文件。选择【文件】/【发布设置】菜单命令，打开"发布设置"对话框，选择FLA可发布的格式类型。具体的格式和文件后缀包括："swf" ".html" ".gif" ".jpg" ".png"和Windows可执行文件".exe"及放映文件。

默认情况下，影片的发布会使用与Flash文档相同的名称，如果要修改，可以在"输出文件"文本框中输入要修改的名称。不同格式的文件扩展名不同，在自定义文件名称时不能修改扩展名。

在完成发布设置后，单击 确定 按钮即可。如果需要发布保存的设置，可以选择【文件】/【发布】菜单命令，然后直接单击 发布(P) 按钮，将动画发布到源文件夹所在的文件夹中。

1. SWF文件的发布设置

在"发布设置"对话框中SWF格式为默认选中状态。单击选中 ☑ Flash (.swf) 复选框，对SWF格式进行发布设置，如图12-19所示。该发布设置中主要参数的作用如下。

图12-19　SWF文件的发布设置

- "目标"下拉列表框：用于选择播放器版本。

- "脚本"下拉列表框：用于选择ActionScript版本。如果选择ActionScript 3.0并创建了类，则单击"设置"按钮 🔍 来设置类文件的相对类路径。

- "JPEG 品质"选项：调整"JPEG品质"滑块或输入一个值，可以控制位图的压缩品质。图像品质越低，生成的文件就越小；图像品质越高，生成的文件就越大。

- "音频流"和"音频事件"选项：单击"音频流"或"音频事件"选项后的超链接，然后在打开的对话框中根据需要选择相应的选项，可以为SWF文件中的所有声音流或事件声音设置采样率和压缩。

- ☑ 覆盖声音设置(V) 复选框：若要覆盖在属性检查器的"声音"部分中为个别声音指定的设置，则需单击选中该复选框。

- ☑ 导出设备声音(U) 复选框：若要导出适合于设备（包括移动设备）的声音而不是原始库声音，则需单击选中该复选框。

- ☑ 压缩影片 复选框：（默认为选中状态）压缩SWF文件将减小文件大小和缩短下载时间。

- ☑ 包括隐藏图层(I) 复选框：（默认为选中状态）导出Flash文档中所有隐藏的图层。撤销选中该复选框将阻止把生成的SWF文件中标记为隐藏的所有图层（包括嵌套影片剪辑）导出。

- ☑ 包括 XMP 元数据(X) 复选框：（默认为选中状态）单击其后的"修改此文档的XMP元数据"按钮 🔍 ，在打开的对话框中导出输入的所有元数据。

- ☑ 生成大小报告(G) 复选框：生成一个报告，按文件列出最终Flash中的数据量。

- ☑ 省略 trace 语句(T) 复选框：忽略当前SWF文件中的Action Script trace语句。

- ☑ 允许调试(D) 复选框：激活调试器并允许远程调试FlashSWF文件。

- ☑ 防止导入(M) 复选框：防止其他用户导入SWF文件并将其转换为FLA文档。可使用密码来保护FlashSWF文件。

209

● "密码"文本框：用于设置密码，可防止他人调试或导入SWF动画。

2．HTML文档的发布设置

在"发布设置"对话框中"．html"格式为默认选中状态。单击选中 ☑ HTML 包装器 复选框，对"．html"格式进行发布设置。该发布设置中主要参数的作用如下。

● "模板"下拉列表框：用于选择模板。

● "大小"选项：用于设置object和embed标记中的宽和高的值。

● "播放"栏：可以选中相应的复选框来设置播放的方式。

● "品质"下拉列表框：设置object和embed标记中QUALITY参数的值。

● "窗口模式"下拉列表框：该选项控制object和embed标记中的HTMLwmode属性。窗口模式修改内容边框或虚拟窗口与HTML页中内容的关系。

● "缩放"下拉列表框：设置缩放方式。

● "HTML对齐"下拉列表框：设置HTML的对齐方式，如顶部对齐、左对齐等。

● "Flash水平对齐"下拉列表框：用于在测试窗口中的水平方向定位SWF文件窗口。

● "Flash垂直对齐"下拉列表框：用于在测试窗口中的垂直方向定位SWF文件窗口。

3．GIF文件的发布设置

使用GIF文件可以导出绘画和简单动画，以供在网页中使用。在"发布设置"对话框的"其他格式"栏中会出现 ☑ GIF 图像 复选框，单击选中 ☑ GIF 图像 复选框，可对GIF格式进行发布设置。该发布设置中主要参数的作用如下。

● "大小"选项：输入导出位图图像的宽度和高度值（以像素为单位），或者单击选中 ☑ 匹配影片(M) 复选框，使GIF和SWF文件大小相同。

● "播放"下拉列表框：用于确定Flash创建的是静止图像还是GIF动画。如果在该下拉列表框中选择"动画"选项，可设置不断循环或输入重复次数。

● "颜色"栏：用于指定导出的GIF文件的外观设置范围。

● "透明"下拉列表框：确定应用程序背景的透明度及将Alpha设置转换为GIF的方式。

● "抖动"下拉列表框：指定如何组合可用颜色的像素来模拟当前调色板中没有的颜色，抖动可以改善颜色品质，但是也会增加文件大小。

● "调色板类型"下拉列表框：用于定义图像的调色板，其中"Web216色"选项表示使用标准的Web安全216色调色板来创建GIF图像。"最合适"选项表示分析图像中的颜色，并为所选GIF文件创建唯一的颜色表。"接近Web最适色"选项与"最适色彩调色板"选项相同。"自定义"表示指定已针对所选图像进行优化的调色板。

4．JPEG 文件的发布设置

JPEG格式可将图像保存为高压缩比的24位位图，以供在网页中使用。在"其他格式"栏中单击选中 ☑ JPEG 图像 复选框，对JPG格式进行发布设置。该发布设置中主要参数的作用如下。

● "大小"选项：输入导出的位图图像的宽度和高度值，或者单击选中 ☑ 匹配影片(M) 复选框，使JPEG图像和舞台大小相同并保持原始图像的高宽比。

● "品质"选项：拖动滑块或在文本框中输入值，可控制 JPEG 文件的压缩量。图像品质越低则文件越小，反之则越大。若要确定文件大小和图像品质之间的最佳平衡点，可尝试使用不同的设置。

● ☑ 渐进(J) 复选框：在 Web 浏览器中增量显示渐进式JPEG图像，可在低速网络连接上以较快的速度显示加载的图像。类似于GIF和PNG图像中的交错选项。

5．PNG文件的发布设置

PNG文件是唯一支持透明度（Alpha通道）的跨平台位图格式。在"其他格式"栏中单击选中 ☑ PNG 图像 复选框，对PNG格式进行发布设置。该发布设置中主要参数的作用如下。

- "大小"选项：输入导出位图图像的宽度和高度值（以像素为单位），或者单击选中 ☑ 匹配影片(M) 复选框使GIF和SWF文件大小相同。
- "位深度"下拉列表框：设置创建图像时，要使用的每个像素的位数和颜色数。位深度越高，文件就越大。
- "选项"栏：用于指定导出的PNG文件的外观设置范围。
- "抖动"下拉列表框：指定如何组合可用颜色的像素来模拟当前调色板中没有的颜色，抖动可以改善颜色品质，但是也会增加文件大小。
- "调色板类型"下拉列表框：定义图像的调色板，与GIF格式的设置相同。如果选择了"最适色彩"或"接近Web最适色"选项，请输入一个"最大颜色数"值设置PNG图像中使用的颜色数量。颜色数量越少，生成的文件也越小，但可能会降低图像的颜色品质。
- "滤镜选项"下拉列表框：选择一种逐行过滤方法使PNG文件的压缩性更好，并用特定图像的不同选项进行实验。

6．Win和Mac文件的发布设置

若是想在没有安装Flash的计算机上播放Flash，可将动画发布为可执行文件。需要播放时，双击可执行文件即可。在"发布设置"对话框的"其他格式"栏中单击选中 ☑ Win 放映文件 复选框，影片将发布为适合Windows操作系统使用的EXE可执行文件。若在"其他格式"栏中单击选中 ☑ Mac 放映文件 复选框，影片将发布为适合苹果Mac操作系统使用的APP可执行文件。需要注意的是，单击选中 ☑ Win 放映文件 复选框和单击选中 ☑ Mac 放映文件 复选框后，在"发布设置"对话框中将只出现"输出文件"文本框。

12.2.2 发布预览

设置好动画发布属性后需要对其进行预览，如果预览动画效果满意，就可以发布影片。进行发布预览的方法是：选择【文件】/【发布预览】菜单命令，然后选择要预览的文件格式，即可打开该格式的预览窗口。如果预览QuickTime视频，则发布预览时会启动QuickTime VideoPlayer。如果预览放映文件，Flash会启动该放映文件。Flash使用当前的"发布设置"值，并在FLA文件所在处创建一个指定类型的文件，在覆盖或删除该文件之前，一直会保留在此位置上。

12.2.3 发布AIR for Android应用程序

Flash可以随意创建和预览AIR for Android应用程序。用户通过AIR for Android预览动画效果和在AIR应用程序中的效果相同。这种预览方法在计算机上没有安装AIR相关应用程序查看效果时很必要。

发布AIR for Android应用程序首先要求发布的文档格式为AIR for Android。在编辑完动画文档后，选择【文件】/【AIR 3.2 for Android设置】菜单命令，或在"发布设置"对话框的"目标"下拉列表中选择"AIR 3.2 for Android"选项，单击 发布(P) 按钮。打开"AIR for Android设置"对话框，在其中可对应用程序图标文件以及包含的程序等进行设置。

12.2.4 导出图像和图形

Flash可以导出的图像格式包括有SWF、JPG、PNG、PXG和GIF等。导出图像和图形的方法为：选择【文件】/【导出】/【导出图像】菜单命令，打开"导出图像"对话框，选择保存文件的路径，在"保存类型"下拉列表框中选择图像格式，在"文件名"文本框中输入保存的文件名，单击 保存(S) 按钮，保存导出的图像。

12.2.5 导出视频和声音

当需要Flash中的视频和声音时，可以将其导出。导出包含音频流的视频剪辑时，将使用"音频流"设置对音频进行压缩。导出视频和声音的方法是：在"库"面板中选择视频剪辑，单击"库"面板底部的"属性"按钮 ，打开"视频属性"对话框，单击 导出... 按钮，打开"导出 FLV"对话框，设置导出位置和名称，单击 保存(S) 按钮导出视频。

12.2.6 发布动画

下面将具体讲解发布风景动画的方法，具体操作如下。

微课视频

发布动画

（1）打开"风景.fla"动画文档，选择【控制】/【测试影片】菜单命令，打开动画测试窗口。在窗口中仔细观察动画的播放情况，看其是否有明显的错误，看声音、视频文件是否正常播放，如图12-20所示。

（2）在"库"面板中选择"风景音乐.mp3"音乐文件，单击鼠标右键，在弹出的快捷菜单中选择"属性"命令，打开"声音属性"对话框，在其中设置"压缩"为"MP3"，单击 确定 按钮，如图12-21所示。

（3）选择【文件】/【发布设置】菜单命令，打开"发布设置"对话框，单击选中☑ Flash (.swf)复选框，并设置"目标""脚本""JPEG品质"分别为"Flash Player 9""ActionScript 3.0""85"，单击选中☑ 防止导入(M) 复选框，并在其下方的"密码"文本框中输入导入密码"aaa"，单击"音频事件"后的文本，如图12-22所示。

图12-20 打开动画文档

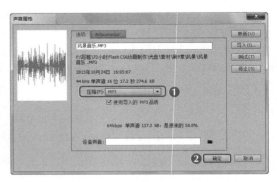

图12-21 设置声音输出

（4）打开"声音设置"对话框，设置"比特率""品质"分别为"20 kbps""中"，单击 确定 按钮。返回"发布设置"对话框，在其中单击 发布(P) 按钮，发布动画。此时，在发布保存目录中将出现一个SWF文件和一个HTML文件，如图12-23所示。

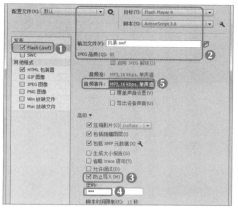

图12-22 发布设置

图12-23 设置声音

12.3 项目实训

12.3.1 测试电视节目预告

1．实训目标

本实训的目标是对制作好的电视节目预告进行测试，首先通过设置数据流速率查看下载速度，然后根据实际情况对动画文档进行调整，确保文档能正常发布播放。本实训的效果如图12-24所示。

 素材所在位置 素材文件\第12章\项目实训\电视节目预告.fla

2．专业背景

通过本项目制作电视节目预告的方式，还可以用于制作网站的进入动画。网站的进入动画根据网站的类型不同而不同。

一般常见的进入动画有视频动画及位图、矢量动画，它们的使用范围及优缺点分别如下。

● 视频动画：加载时间慢，表现力很强，常用于电影官方网站的进入动画、较正式的企业网站进入动画。

● 位图、矢量动画：加载时间相对短，表现力和设计者的创意有直接关系，常用于各种个人网站及走活泼路线的企业网站等。

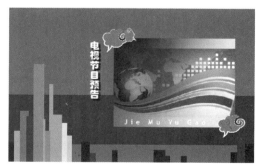

图12-24 电视节目预告效果

3．操作思路

完成本实训主要包括显示下载性能图表，模拟的数据流速率，模拟下载，以及调整图形视图等三大步操作，操作思路如图12-25所示。

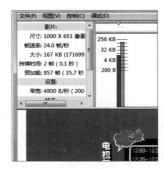
① 显示下载性能图表

② 模拟的数据流速率

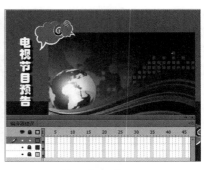
③ 调整图形视图

图12-25　测试电视节目预告制作思路

【步骤提示】

（1）打开"电视节目预告.fla"动画文档，按【Ctrl+Enter】组合键，打开测试窗口。

（2）选择【视图】/【带宽设置】菜单命令，可显示下载性能图表（包括数据流图表和帧数图表）。

（3）选择【视图】/【下载设置】菜单命令，然后选择一个下载速度来确定Flash模拟的数据流速率。若要输入自定义用户设置，可以选择"自定义"命令，在打开的"自定义下载设置"对话框中进行设置。

（4）选择【视图】/【模拟下载】菜单命令，可打开或关闭数据流。如果关闭数据流，则文档在不模拟 Web 连接的情况下就开始下载。

（5）关闭测试窗口，返回创作环境。使用"带宽设置"设置测试环境后，就可以直接在测试环境中打开所有SWF文件，且在打开时会使用"带宽设置"和其他选择的查看选项。

12.3.2　将"散步的小狗"发布为网页动画

1．实训目标

本实训将打开"散步的小狗"动画对其进行优化、测试等操作，达到以最小的文件大小获得最好的动画效果，最后将其发布为".html"格式的文件。本实训完成后的参考效果如图12-26所示。

微课视频
将"散步的小狗"发布为网页动画

素材所在位置　素材文件\第12章\项目实训\散步的小狗.fla
效果所在位置　效果文件\第12章\项目实训\散步的小狗.html

图12-26　散步的小狗最终设置效果

2．专业背景

Flash文件的发布是制作Flash必经的一步操作，只要有在网络上传播Flash的需要，就必须将制作完成的Flash导出或进行发布。特别是近年来Flash动画的火爆性，使得Flash又风靡起来。如何有效快速地将Flash文件的体积减小，并使其快速地在网络中进行传播，是每一个Flash动画制作者需要认真思考和对待的问题。

3．操作思路

完成本实训首先打开文档测试影片，然后设置动画发布格式，最后预览发布效果并发布动画，操作思路如图12-27所示。

① 测试影片　　　　　　② 发布设置　　　　　　③ 预览动画

图12-27　发布"散步的小狗"的制作思路

【步骤提示】

（1）打开"散步的小狗.fla"文档，按【Ctrl+Enter】组合键，打开测试窗口，测试影片。

（2）打开"发布设置"对话框，在"发布"栏中单击选中 HTML 包装器 复选框，设置"大小""品质""窗口模式"分别为"百分比""最佳""不透明无窗口"。

（3）选择【文件】/【发布预览】/【HTML】菜单命令，预览效果，发布动画。

12.4　课后练习

本章主要介绍了动画的测试与发布的基本操作，包括测试动画、优化动画、导出图像、导出影片、导出声音、设置发布参数和发布预览等知识。对于本章的内容，读者应认真学习和掌握，以便为导出质量上乘的动画打下基础。

微课视频

导出"照片墙"图片

练习1：导出"照片墙"图片

本练习要求将"照片墙.fla"中的图片导出，主要通过"导出所选内容"命令导出图像。首先选择要导出的图像。然后设置导出的位置和图片保存类型。本练习的效果如图 12-28 所示。

　素材所在位置　素材文件\第12章\课后练习\照片墙.fla
　　　效果所在位置　效果文件\第12章\课后练习\照片墙\

操作要求如下。

● 启动Flash，打开"照片墙.fla"文档，并在场景中选择需要导出的图像。

● 选择【文件】/【导出】/【导出所选内容】菜单命令，在打开的"导出图像"对话框中选择导出的位置，单击 保存(S) 按钮后即可将所选择的图像导出。

- 将文件保存后，在文件的保存位置出现一个"闪烁的图片.assets"文件夹，在该文件夹中即可找到被导出的图片。

- 继续选择【文件】/【导出】/【导出图像】菜单命令，在打开的"导出图像"对话框中选择导出的位置，并选择"保存类型"为"PNG"，最后单击 保存(S) 按钮。

图12-28　导出图像

- Flash文档当前场景中的内容即可以"PNG"格式导出到指定的位置。

微课视频

发布"迷路的小孩"动画

练习2：发布"迷路的小孩"动画

本例将发布"迷路的小孩.fla"动画并将其作为网站的进入动画。在发布"迷路的小孩.fla"动画前，首先需要练习打开文档测试影片、进行模拟下载动画、设置发布格式等操作，最后以Flash格式发布。本练习的效果如图12-29所示。

素材所在位置　素材文件\第12章\课后练习\迷路的小孩.fla
效果所在位置　效果文件\第12章\课后练习\迷路的小孩\

图12-29　发布"迷路的小孩"动画

操作要求如下。

- 打开"迷路的小孩.fla"文档，打开动画测试窗口，测试看其是否有明显的错误。

- 选择【视图】/【下载设置】/【56K（4.7Kbit/s）】菜单命令。再选择【视图】/【模拟下载】菜单命令，对指定带宽下动画的下载情况进行模拟测试。

- 选择【视图】/【数据流图表】菜单命令，查看动画播放过程中的数据流情况，关闭动画测试窗口。

- 选择【文件】/【发布设置】菜单命令，打开"发布设置"对话框，在"发布"栏中单击选中 ☑ Flash (.swf) 复选框，并设置"目标、脚本"分别为"Flash Player8""ActionScript2.0"，并单击选中 ☑ 生成大小报告(G) 和 ☑ 允许调试(D) 复选框，单击"音频流"和"音频事件"后面的文本框。在打开的"声音设置"对话框中，设置"压缩"都为"禁用"。

● 选择【文件】/【发布预览】/【Flash】菜单命令，对动画发布的效果进行预览。确认无误后，选择【文件】/【发布】菜单命令，以Flash格式发布动画。

12.5　技巧提升

1．对Flash动画中的视频或声音进行优化

为了减少Flash动画的大小，可以对Flash中的声音或视频进行优化。比如，将声音变为单声道，或者使用专业的声音处理软件将声音文件中多余部分删除后再导入到Flash中。如果是视频，则可以考虑减少视频的尺寸或转换成压缩率较高的视频格式。

2．Flash Player的作用

Flash Player又称Flash播放器，是一款高性能且极具表现力的播放器。如果电脑上没有Flash Player，用户甚至不能正常观看网站上的视频、玩网站上的游戏或浏览网页。而对于现在流行的智能手机来说，Flash Player已经成为了Android系统的一项重要功能，只有安装了Flash Player，手机才能访问基于Flash制作的视频、游戏、互动媒体、网络应用程序等网站。因此，如果有时网页不能正常显示、视频无法正常收看，都可能是因为Flash Player版本过低。

CHAPTER 13

第13章

综合案例——打地鼠游戏

情景导入

米拉的实习期快结束了，她决定使用所学的知识制作一款打地鼠游戏，来展示这段时间的收获。

学习目标

● 掌握打地鼠游戏制作方法

如掌握Flash游戏类型、游戏制作流程等知识。

案例展示

▲ 打地鼠游戏

▲ 制作"青蛙跳"游戏

13.1 实训目标

使用Flash可以制作很多小游戏，现在很多手机客户端的游戏也是使用Flash制作的。本章将综合前面所学的知识，制作一款Flash游戏。首先制作动画界面，即游戏的场景，主要包括绘制天空、云朵、太阳、地洞、泥土等。然后编辑"锤子"元件，并输入脚本。接着制作老鼠与单击锤子打地鼠的效果，再设置计时数和积分数，达到敲打的时间时计算得分。最后编辑交互式脚本，测试和发布动画，使游戏能正常的玩要。本例完成后的效果如图13-1所示。

素材所在位置 素材文件\第13章\实训目标\打地鼠\
效果所在位置 效果文件\第13章\实训目标\打地鼠游戏.fla

图13-1 打地鼠游戏

13.2 专业背景

13.2.1 Flash游戏概述

Flash具有强大的脚本交互功能，通过为Flash添加合适的AS脚本就可以实现各类小游戏的开发，如迷宫游戏、贪吃蛇、俄罗斯方块、赛车游戏、射击游戏等。使用Flash制作游戏具有许多优点。

- 适合网络发布和传播。
- 制作简单方便。
- 视觉效果突出。
- 游戏简单，操作方便。
- 绿色，不用安装。
- 不用注册账号，直接就可以玩要。

13.2.2 常见的Flash游戏类型

常见的网络游戏类型如下。

- 益智类游戏，图13-2所示为贝瓦网制作的一款益智游戏。
- 射击类游戏，图13-3所示为贝瓦网制作的一款射击类游戏。

图13-2　益智类游戏　　　　　　　　　图13-3　射击类游戏

● 动作类游戏，图13-4所示为"拳皇"动作类游戏。

图13-4　动作类游戏

● 角色扮演类游戏，图13-5所示为4399网站上的"合金弹头小小版"角色扮演游戏。
● 体育运动类游戏，图13-6所示为4399网站上的"美羊羊卡丁车"体育运动类游戏。

网页游戏的含义

　　网页游戏（Webgame）又称Web游戏、无端网游，简称页游。它是基于Web浏览器的网络在线多人互动游戏，无需下载客户端，只需打开网页，10秒内即可进入游戏。页游前端通常都采用Flash动画来实现。

图13-5　角色扮演类游戏　　　　　　　图13-6　体育运动类游戏

13.2.3　Flash游戏的制作流程

使用Flash制作游戏需要遵循游戏制作的一般流程。这样才能事半功倍，更有效率。Flash游戏制作的一般流程如下。

1．游戏构思及框架设计

在着手制作一款游戏前，必须有一个大概的游戏规划或者方案，否则在后期会进行大量修改，浪费时间和人力。

在进行游戏的制作之前，必须先确定游戏的目的。这样才能够根据游戏的目的来设计符合需求的产品。另外，必须确定Flash游戏类型，如益智、动作还是体育运动等。

在决定好将要制作的游戏的目的与类型后，接下来即可做一个完整的规划。图13-7所示为"掷骰子"游戏的流程图。通过这个图可以清楚地了解需要制作的内容及可能发生的情况。在游戏中，一开始玩家要确定所押的金额，接着会随机出现玩家和电脑各自的点数，然后游戏对点数进行判断，最后判断出谁胜谁负。如果玩家胜利，就会增加金额，相反则要

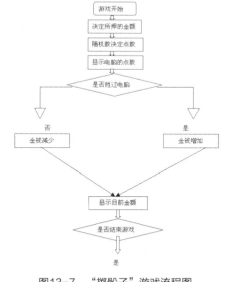

图13-7　"掷骰子"游戏流程图

扣除金额，接着显示目前玩家的金额，再询问玩家是否结束游戏。如果不结束，则再选择要押的金额，进行下一轮游戏。

2．素材的收集和准备

要完成一款比较成功的Flash游戏，必须拥有足够丰富的游戏内容和漂亮的游戏画面，因此在设计出游戏流程图之后，需要着手收集和准备游戏中要用到的各种素材，包括图片、声音等。

3．制作与测试

当所有的素材都准备好后，就可以正式开始游戏的制作。这里需要依靠Flash制作技术。制作快慢和成功与否，关键在于平时学习和积累的经验与技巧，只要把它们合理地运用到游戏制作过程中，就可顺利完成制作。在制作过程中有一些技巧，下面分别进行介绍。

- 分工合作：一个游戏的制作过程非常繁琐和复杂，要做好一个游戏，必须要多人互相协调工作。每个人根据自己的特长来负责不同的任务，比如，美工负责游戏的整体风格和视觉效果，而程序员则进行游戏程序的设计，从而充分发挥各自的优势，保证游戏的制作质量，提高工作效率。
- 设计进度：游戏的流程图已确定，就可以将所有要做的工作加以合理的分配，事先设计好进度表，然后按进度表每天完成一定的任务，从而有条不紊地完成工作。
- 多多学习别人的作品：学习不是抄袭他人的作品，而是平时多注意别人游戏制作的方法，养成研究和分析的习惯。从这些观摩的经验中，找到自己出错的原因，发现新的技术，提高自身的技能。

游戏制作完成后需进行测试。可以利用Flash的【控制】/【测试影片】菜单命令及【控制】/【测试场景】菜单命令来完成测试工作。进入测试模式后，还可以经过监视Objects和Variables的方式，找出程序中的问题。除此之外，为了避免测试时忽略掉盲点，一定要在多

台计算机上进行测试，从而尽可能地发现游戏中存在的问题，使游戏更加完善。

13.3　操作思路分析

　　本章的内容是创建一款Flash游戏。在制作本例前，需要了解该Flash游戏的特点、类型等知识。在实际制作过程中，主要涉及动画界面的制作、编辑元件、编辑交互式脚本、测试和发布动画等操作。

13.4　操作过程

13.4.1　制作动画界面

　　下面首先启动Flash，然后导入素材，通过素材制作背景、前景等内容，具体操作如下。

（1）选择【文件】/【新建】菜单命令，打开"新建文档"对话框，设置"宽""高""背景颜色"分别为"1000像素""740像素""#FFCC00"，单击 确定 按钮。

（2）新建一个"背景图"影片剪辑元件。使用矩形工具 ▢ 绘制一个和舞台一样大小的矩形。然后选择颜料桶工具 ▵。选择【窗口】/【颜色】菜单命令，打开"颜色"面板，设置"颜色类型"为"线性渐变"，设置颜色滑块的颜色为"#005BE7""#54C4EE"，使用鼠标由下至上进行拖动，绘制渐变，如图13-8所示。

（3）将"打地鼠"文件夹中的所有图片都导入到"库"面板中，新建"图层2"，将"背景"图像移动到舞台中，如图13-9所示。

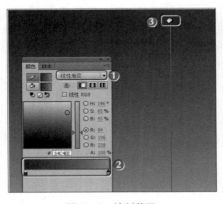

图13-8　绘制蓝天

图13-9　放入前景图

（4）锁定"图层1""图层2"，新建"图层3"。选择椭圆工具 ▵，在"工具"面板的"选项区域"中设置"笔触颜色""填充颜色"分别为"无""#FFFFFF"，使用椭圆工具 ▵ 在舞台上绘制椭圆，制作云朵，如图13-10所示。

（5）选择刚刚绘制的所有云朵图形。选择【修改】/【形状】/【柔化填充边缘】菜单命令，打开"柔化填充边缘"对话框，在其中设置"距离""步长数"分别为"10像素""6",单击 确定 按钮,如图13-11所示。

（6）选择椭圆工具 ◎，打开"颜色"面板，在其中设置"颜色类型"为"径向渐变"，设置色标分别为"#FF3C00""#FFA818""#FFEC27"，使用鼠标在舞台中绘制一个正圆形，作为太阳，如图13-12所示。

图13-10 绘制云朵

图13-11 柔化云朵效果

图13-12 绘制太阳

知识提示

绘制太阳光晕效果

为使绘制出的太阳有光晕效果，只通过为渐变设置多个颜色无法实现。本任务在设置颜色时，除了需要设置不同颜色外，还需为每个颜色设置不同的透明度，这里"#FF3C00"色的"Alpha"值为"100%"，"#FFA818"色的"Alpha"值为"80%"，"#FFEC27"色的"Alpha"值为"0%"。

（7）新建"图层4"，选择椭圆工具 ◎。在"属性"面板中设置"笔触颜色"为"无"，设置"颜色类型"为"渐变填充"，"填充颜色"为"#834E41"和"2F1E1E"，使用椭圆工具在舞台中绘制一个椭圆，作为地洞，如图13-13所示。

（8）新建"图层5"，在洞口上方使用刷子工具 ✎，绘制洞头的泥土。将绘制的洞口和泥土复制5个，制作用于老鼠出现的地洞，如图13-14所示。

图13-13 绘制地洞

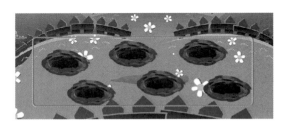

图13-14 绘制泥土

13.4.2 编辑元件

在编辑完背景后，用户可以根据实际需要对动画中需要的元件进行编辑，具体操作如下。

（1）返回"场景1"，从"库"面板中将"背景图"元件拖动到舞台中作为背景。选择【插入】/【新建元件】菜单命令，打开"创建新元件"对话框，在其中设置"名称""类型"分别为"锤

微课视频

编辑元件

子""影片剪辑"，单击 确定 按钮，如图13-15所示。

（2）新建一个"锤子"元件，进入元件编辑窗口。使用矩形工具和椭圆工具绘制一个锤子图形，并填充金属渐变色。新建图层，绘制一个锤子手柄，使用暗色调的金属渐变色进行填充，如图13-16所示。

图13-15 新建影片剪辑　　　　　　　　　　图13-16 绘制锤子图形

（3）新建"锤子动画"影片剪辑元件。进入元件编辑窗口，从"库"面板中将"锤子"元件拖动到舞台中。在第1帧上单击鼠标右键，在弹出的快捷菜单中选择"创建补间动画"命令，在时间轴上创建补间动画。选择3D旋转工具，将3D旋转轴移动到锤子手柄处。拖动鼠标调整z轴的旋转轴，并使锤子头位于原点的右上方，如图13-17所示。

（4）选择第8帧，在其中插入属性关键帧。使用3D旋转工具拖动鼠标，调整z轴的旋转轴。使用相同方法在第24帧处插入属性关键帧，并调整z轴的旋转轴，如图13-18所示。

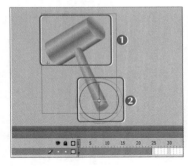
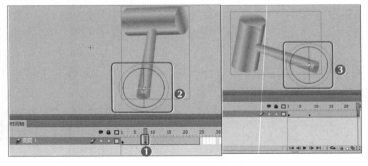

图13-17 编辑锤子动画元件　　　　　　　　图13-18 调整补间动画节奏

（5）新建"图层2"，打开"动作"面板，在其中输入相应的脚本，如图13-19所示。

（6）新建一个"云朵"影片剪辑，进入元件编辑窗口。选择椭圆工具，在"颜色"面板中设置颜色为"#FFFFFF"，如图13-20所示。

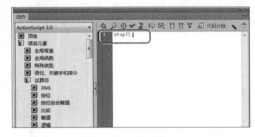
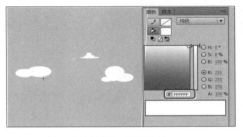

图13-19 输入脚本　　　　　　　　　　　　图13-20 绘制云朵

（7）新建"云朵"影片剪辑，进入元件编辑窗口。从"库"面板中将"云朵"影片剪辑移动到舞台中，在第1帧上单击鼠标右键，在弹出的快捷菜单中选择"创建补间动画"命令。在第100帧插入属性关键帧。将"云朵"影片剪辑向右移动，如图13-21所示。

（8）新建一个"GD"影片剪辑，进入元件编辑窗口。选择文本工具 $\boxed{T}$，在"属性"面板中设置"系列""大小""颜色"分别为"Arial""40.0点""#000000"，使用文本工具在舞台中输入文本，如图13-22所示。

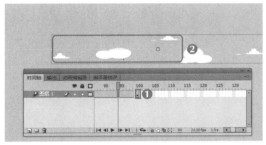

图13-21 编辑流云元件

图13-22 编辑GD元件

（9）新建一个"GOOD"影片剪辑，进入元件编辑窗口，选择第1帧，打开"动作"面板，输入脚本。在第2帧中插入关键帧，从"库"面板中将"GD"元件移动到舞台中缩小元件，在第2帧上单击鼠标右键，在弹出的快捷菜单中选择"创建补间动画"命令，插入补间动画。在第10帧插入关键帧，将元件放大，制作文字放大的效果，如图13-23所示。

（10）新建一个"透明按钮"按钮元件，进入元件编辑窗口。再在"点击"帧中插入关键帧。使用钢笔工具 在舞台中绘制一个黑色的矩形，作为热区，如图13-24所示。

图13-23 编辑GOOD元件

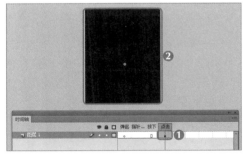

图13-24 编辑透明按钮

（11）新建一个"老鼠"影片剪辑，进入元件编辑窗口。从"库"面板中将"老鼠"图像拖动到舞台中，调整其大小。新建"图层2"，从"库"面板中将"透明按钮"元件拖动到舞台中，并与"老鼠"图像重叠。选择"透明按钮"元件，在"属性"面板中设置"实例名称"为"cmd"，如图13-25所示。

（12）新建一个"老鼠动画"影片剪辑，从"库"面板中，将"老鼠"元件移动到舞台中。在第1帧上单击鼠标右键，在弹出的快捷菜单中选择"创建补间动画"命令，创建补间动画。在第12、24帧插入属性关键帧，选择第12帧，使用鼠标将"老鼠"元件向下拖动，制作老鼠上下移动的效果，如图13-26所示。

（13）新建"图层2"，使用椭圆工具在舞台上绘制一个正圆，与"老鼠"元件重合。在"图层2"上单击鼠标右键，在弹出的快捷菜单中选择"遮罩层"命令。将"图层2"转换为遮罩图层，将"图层1"转换为被遮罩图层，如图13-27所示。

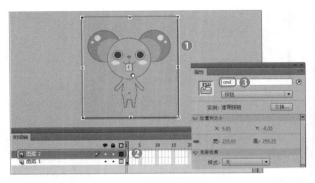

图13-25　编辑老鼠元件

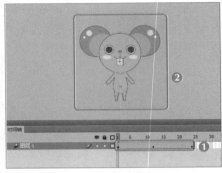

图13-26　编辑老鼠动画元件

（14）新建"图层3"，选择第1帧。从"库"面板中将"GOOD"元件移动到老鼠图像上方。选择"图层3"中的元件，在"属性"面板中设置"实例名称"为"gdmc"，如图13-28所示。

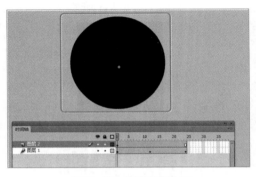

图13-27　制作遮罩动画

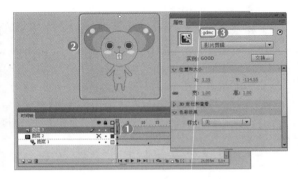

图13-28　应用GOOD元件

（15）新建"图层4"，选择第1帧，在"动作"面板中输入脚本，如图13-29所示。

（16）在第12帧中插入关键帧，选择第12帧。打开"动作"面板，在其中输入脚本，如图13-30所示。

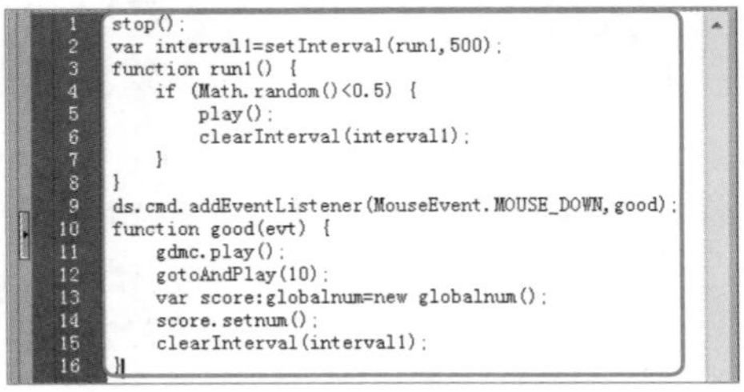

```
stop();
var interval1=setInterval(run1,500);
function run1() {
    if (Math.random()<0.5) {
        play();
        clearInterval(interval1);
    }
}
ds.cmd.addEventListener(MouseEvent.MOUSE_DOWN,good);
function good(evt) {
    gdmc.play();
    gotoAndPlay(10);
    var score:globalnum=new globalnum();
    score.setnum();
    clearInterval(interval1);
}
```

图13-29　输入脚本

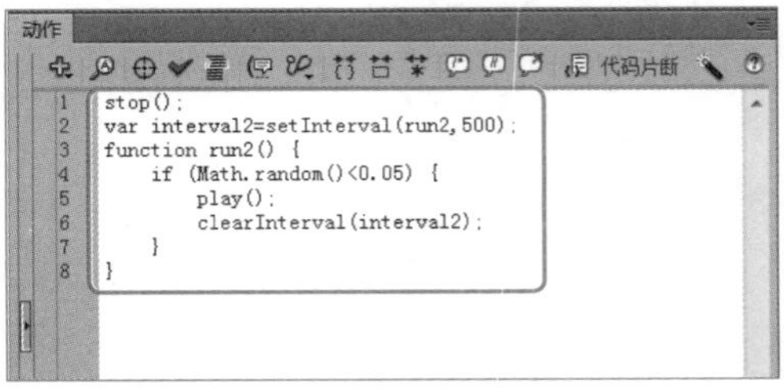

```
stop();
var interval2=setInterval(run2,500);
function run2() {
    if (Math.random()<0.05) {
        play();
        clearInterval(interval2);
    }
}
```

图13-30　继续输入脚本

（17）新建一个"开始"影片剪辑，进入元件编辑窗口。选择文本工具 T，在"属性"面板中设置"系列""大小""颜色"分别为"微软雅黑""40.0点""#FFFFFF"，在舞台中输入文本，如图13-31所示。

（18）新建一个"再来一次"按钮元件。选择矩形工具 □，在"属性"面板中设置"填充颜色"为"#FF9933"，设置"矩形边角""半径"均为"10.00"，在舞台中拖动鼠标绘制一个矩形，如图13-32所示。

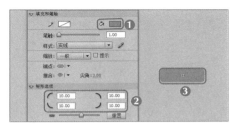

图13-31　制作开始元件　　　　　　　　　　图13-32　编辑"再来一次"元件

（19）按两次【F6】键，插入两个关键帧，选择舞台中的图形，将其填充色更换为
"#66CCCC"。新建"图层2"，在矩形图形上输入文本，如图13-33所示。

（20）返回主场景，在第3帧插入关键帧。新建"图层2"，在第2帧插入关键帧。选择第2
帧，从"库"面板中将"老鼠动画"元件移动到舞台中，缩放其大小，复制5个"老
鼠动画"元件，使一个地洞出现一只老鼠，如图13-34所示。

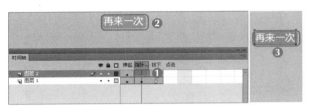

图13-33　更换按钮颜色　　　　　　　　　　图13-34　编辑主场景

（21）选择第3帧，为"图层2"的第3帧插入空白关键帧。使用矩形工具在舞台中间绘制一
个半透明的矩形，如图13-35所示。

（22）选择绘制的矩形，按【F8】键打开"转换为元件"对话框，在其中设置"名称""类
型"分别为"白框""影片剪辑"，单击 确定 按钮，将图形转换为元件，选择转换
为元件的矩形，在"属性"面板中设置"实例名称"为"back"，如图13-36所示。

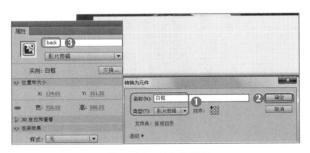

图13-35　绘制矩形　　　　　　　　　　　　图13-36　转换为元件

（23）选择文本工具 T，在绘制的矩形上输入"游戏结束"文本，设置其"字体""大
小""颜色"分别为"黑体""68.0点""#FF6600"。使用文本工具输入
"得分："文本，设置其"字体""大小""颜色"分别为"黑体""44.0
点""#000000"，如图13-37所示。

（24）选择文本工具 T，在"得分："文本后，输入"100"文本，在"属性"面板中将其
"实例名称"设置为"txtdf"，如图13-38所示。

图13-37　输入文本

图13-38　为得分区设置属性

（25）新建"图层3"，选择第1帧。选择文本工具 **T**，在"属性"面板中设置"系列""大小""颜色"分别为"方正准圆简体""96.0点""黑色（#000000）"，使用文本工具在舞台上输入游戏的标题文本。按两次【F7】键，在第2帧、第3帧插入空白关键帧，如图13-39所示。

（26）新建"图层4"，选择第1帧。将"老鼠"元件拖动到左下方的地洞上。选择"老鼠"元件，在"属性"面板中设置"实例名称"为"ds"，如图13-40所示。

图13-39　输入游戏标题

图13-40　应用老鼠动画元件

（27）按两次【F7】键，在第2帧、第3帧插入空白关键帧。选择第3帧，从"库"面板中将"再来一次"元件拖动到舞台中。选择"再来一次"元件，在"属性"面板中设置"实例名称"为"replay"，如图13-41所示。

（28）新建"图层5"，选择第1帧。从"库"面板中将"开始"元件拖动到舞台下方。选择"开始"元件，在"属性"面板中设置"实例名称"为"begin"。按两次【F7】键，在第2帧、第3帧插入空白关键帧，如图13-42所示。

图13-41　应用再来一次按钮

图13-42　应用开始元件

（29）新建"图层6"，选择第1帧。从"库"面板中将"锤子动画"元件拖动到舞台右下方。选择"开始"元件，在"属性"面板中设置"实例名称"为"chui"，如图13-43所示。

（30）新建"图层7"，在第2帧插入关键帧。使用矩形工具在舞台上放绘制一个白色的半透明矩形。选择文本工具 T，在"属性"面板中设置"系列""大小""颜色"分别为"方正准圆简体""22.0点""#000000"，使用文本工具在舞台上输入文本，如图13-44所示。

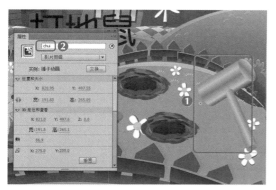

图13-43　添加锤子动画

图13-44　输入计时和计分文本

（31）选择文本工具 T，在"属性"面板中设置"系列""大小""颜色"分别为"黑体""14.0点""#000000"。使用文本工具在舞台上绘制两个文本框。在"属性"面板中设置"时间"后的文本框的"实例名称"为"txttm"，设置"得分"后的文本框的"实例名称"为"txtsc"，如图13-45所示。

（32）新建"图层8"，选择第1帧，从"库"面板中将"云朵"元件拖动到舞台上，如图13-46所示。

图13-45　设置计时数和计分数

图13-46　添加流云元件

13.4.3　编辑交互式脚本

将元件及动画关键帧编辑完成后，用户就可以开始交互式脚本的编辑，具体操作如下。

（1）新建"图层9"，按两次【F6】键插入两个关键帧，选择第1帧。在"动作"面板中输入脚本，如图13-47所示。

（2）选择第2帧，在"动作"面板中输入脚本，如图13-48所示。

微课视频

编辑交互式脚本

图13-47　为第1帧输入脚本　　　　　　　图13-48　为第2帧输入脚本

（3）选择第3帧，在"动作"面板中输入脚本，如图13-49所示。

（4）新建一个"globalnum.as"文件，在其中输入脚本，然后和"打地鼠游戏.fla"动画文档一起保存在相同的文件夹中，如图13-50所示。

图13-49　为第3帧输入脚本　　　　　　　图13-50　新建globalnum.as文件

13.4.4　测试和发布动画

制作完游戏后，需要对动画进行测试，特别需要测试脚本是否正确。测试通过后，就可以对游戏进行发布了。具体操作如下。

（1）按【Ctrl+Enter】组合键测试动画。

（2）选择【文件】/【发布设置】菜单命令，打开"发布设置"对话框，在"发布"栏中单击选中☑ Flash (.swf)复选框。设置"JPEG品质"为"70"。单击"音频流"选项后的超链接。打开"声音设置"对话框，设置"压缩"为"禁用"，单击 确定 按钮。使用相同的方法设置"音频事件"为"禁用"，如图13-51所示。

（3）在"高级"栏中单击选中☑ 防止导入(M)复选框，在"密码"文本框中输入"111"，作为编辑密码，单击 发布(P) 按钮，发布动画，如图13-52所示。

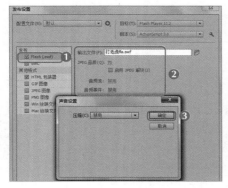
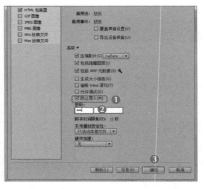

图13-51　发布动画　　　　　　　　　　图13-52　为文档设置保护

（4）保存文档，完成制作。

13.5 项目实训

13.5.1 制作"青蛙跳"游戏

1．实训目标

本项目将制作"青蛙跳"游戏。该游戏是通过单击鼠标来移动屏幕两边的青蛙，即让左方的小青蛙与右方的小青蛙位置互换。青蛙包括两个动画效果，一个是跳，另一个是跃，都是通过逐帧动画实现的。而要使两边的青蛙互换，是通过ActionScript 3.0语句控制。在试玩动画的过程中，或当用户顺利完成动画时，用户可进行重玩。图13-53所示为"小青娃"游戏的效果图。

微课视频
制作"青蛙跳"游戏

素材所在位置 素材文件\第13章\项目实训\青蛙跳小游戏\
效果所在位置 效果文件\第13章\项目实训\青蛙跳小游戏.fla

图13-53 "青蛙跳"效果

2．专业背景

Flash游戏不单单能吸引玩家。在现在的一些产品推广营销中都会使用到一些简单的Flash游戏，通过这些Flash游戏能更好地吸引消费者的注意力，并通过很简单的闯关方式使消费者得到获取奖品的机会。借此吸引消费者更加认真的阅读广告，发掘游戏的一些通关的方式。

好的Flash游戏并不一定要界面美观，重要的是游戏耐玩度及合理性。如果游戏的耐玩度不高，玩家玩了一会儿就没有兴趣，那么游戏制作的效果再好也不会有太高的人气。此外，游戏的合理性也是制作Flash游戏的一个重点。如果在游戏中没有合理的设置一些功能，如重新开始、小提示等，很可能会使玩家失去耐心而不继续玩该款游戏。

3．操作思路

完成本实训主要包括制作元件、布置场景、添加脚本等三大步操作，操作思路如图13-54所示。

① 制作元件

② 布置场景

③ 添加脚本

图13-54 "青蛙跳"游戏制作思路

【步骤提示】

（1）搜集游戏资料。认真查找关于游戏的相关资料，查看类似的游戏产品，总结特点，构思游戏方案。

（2）制作按钮元件。新建按钮元件，创建重新开始按钮。

（3）制作影片剪辑元件。通过提供的图形元件，在影片剪辑元件中创建青蛙跳动的动画。

（4）添加脚本语句。返回场景中，新建图层，在不同的图层中放置不同的素材，新建脚本图层，在其中输入脚本语句。

（5）新建不同的ActionScript文件，创建不同的".as"文件，将文件与影片剪辑元件相链接。

13.5.2 制作导航动画

1．实训目标

本实训的目标是制作Flash导航动画，要求注意动画变化顺序，应当符合逻辑。在制作时还应注意不同动画之间过渡的流畅性，以及画面整体的协调感等。本例主要是进行文字动画的制作，按钮的制作，以及元件的添加等。本实训完成后的参考效果如图13-55所示。

 素材所在位置 素材文件\第13章\项目实训\导航动画\
效果所在位置 效果文件\第13章\项目实训\导航动画.fla

图13-55 导航动画最终制作效果

2．专业背景

随着网站的发展，用户对网站的期望和要求也越来越高，包含相关导航动画的网站更能吸引用户的眼球，使用户在网站停留的时间更长。如何设计并制作一个优秀的导航动画以达到客户要求并打动客户，是每一个设计师需要认真对待的问题。

3．操作思路

完成本实训主要包括添加背景素材、在时间轴中添加图片和文字动画、添加背景音乐等三大步操作，最后测试导出，操作思路如图13-56所示。

① 制作文字动画　　　　　② 制作按钮　　　　　③ 进行合成

图13-56 导航动画的制作思路

【步骤提示】

（1）新建文档，设置文档属性，将帧频设置为"30.00"，舞台大小为"750像素×190像素"，选择【文件】/【导入】/【导入到库】菜单命令，将素材文件导入到库面板中。

（2）在库面板中新建"文字"文件夹，在其中为每一个需要制作动画的文字新建图形元件，新建影片剪辑元件，将文字图形元件拖曳到影片剪辑元件中，在其中为每一个文字制作文字动画。

（3）在库面板中新建"鸟飞"文件夹，在其中新建影片剪辑元件，绘制鸟的身体和翅膀，并制作飞鸟动画。

（4）新建按钮元件，在其中制作"进入"文本按钮效果。

（5）返回场景中，制作图片淡入淡出的动画，并将库中的文字，将鸟飞等动画拖曳到相应图层的对应位置。

（6）创建完动画后，新建音乐图层，将背景音乐拖曳到该图层中，为导航动画添加声音。完成后按【Ctrl+Enter】组合键测试动画，然后将其导出。

13.6 课后练习

本章主要通过介绍游戏的制作，对Flash的功能进行综合练习，并对使用Flash制作游戏的流程进行了大致的介绍和演示。对于本章的内容，读者应认真学习和掌握，应了解使用Flash的基本流程，以便为制作其他类型的Flash动画打下基础。

练习1：制作童年MTV

本练习要求制作童年MTV，要求充满童趣，但不要过多地使用元素，同时应当注意配色，使MTV具有画面感。在制作时，首先需要导入背景素材。本练习的素材为一个卡通的背景素材，符合童年的感觉。然后添加飞鸟、落叶、眨眼等动画，使画面具有活力。再制作歌词并添加背景音乐，体现出MTV的特点。最后添加脚本，通过单击按钮进播放控制。本练习的效果如图13-57所示。

微课视频

制作童年 MTV

素材所在位置 素材文件\第13章\课后练习\童年MTV\
效果所在位置 效果文件\第13章\课后练习\童年MTV.fla

长发飘散在风之间

图13-57 制作童年MTV

操作要求如下。

● 搜集制作MTV需要的资料。认真搜集与童年相关的图片，构思好MTV的制作方案和顺序。

- 制作飞鸟动画。新建影片剪辑元件，利用引导层制作飞鸟运动动画。
- 在影片剪辑元件中使用任意变形工具制作眨眼动画。
- 制作叶子飘动动画。在影片剪辑元件中通过引导层制作叶子飘落动画，注意为飘动的叶子添加旋转等属性。
- 制作"开始"和"重新开始"按钮。新建两个按钮元件，分别制作"开始"按钮和"重新开始"按钮。
- 制作歌词动画。返回场景中，添加场景动画，然后新建图层，在其中添加歌词即可。
- 添加背景音乐，并将开始和重新开始按钮分别放置在第1帧和最后一帧，添加相应的控制脚本。

练习2：制作汽车广告

本例将制作汽车广告。在制作之前，需要进行广告设计和策划。在制作时，首先添加汽车、模特和背景等素材，以此来展现汽车的主题，然后制作广告语，为文字添加动画闪现的效果，使广告语更加的醒目，最后使用脚本添加导航交互，本练习的效果如图13-58所示。

微课视频

制作汽车广告

素材所在位置 素材文件\第13章\课后练习\汽车广告\
效果所在位置 效果文件\第13章\课后练习\汽车广告.fla

图13-58　制作汽车广告

操作要求如下。
- 了解汽车广告的设计概念，指定广告的制作风格。
- 搜集汽车广告需要的资料，如与汽车相关的文字、人物，以及背景等信息。
- 制作文字动画。新建影片剪辑，制作与文字相关的影片剪辑动画，注意文字的动画效果。
- 制作场景动画。根据提供的素材，制作相应的动画即可。
- 制作导航条。制作导航条，并制作鼠标交互。

附　录

APPENDIX

附录1　　Flash常用快捷键

为了在办公中提高各类动画的设计制作的效率，表附-1所示整理了Flash软件的常用快捷键，通过使用快捷键能快速完成动画的设计制作。

表附-1　Flash 常用快捷键

快捷键	作用	快捷键	作用
V	选择工具	Z	缩放工具
A	部分选取工具	F5	插入空白帧
W	3D 旋转工具	F6	插入关键帧
G	3D 平移工具	F7	转换为空白关键帧
N	线条工具	Ctrl+F8	转换为元件
L	套索工具	Ctrl+N	新建文档
P	钢笔工具	Ctrl+O	打开文档
T	文本工具	Ctrl+W	关闭文档
O	椭圆工具	Ctrl+S	保存文档
R	矩形工具	Ctrl+R	导入
Y	铅笔工具	Ctrl+F12	发布预览
B	刷子工具	Ctrl+Alt+1	锁定
Q	任意变形工具	Ctrl+B	分离
F	填充变形工具	Ctrl+G	组合
U	Deco 工具	Shift+F5	删除帧
M	骨骼工具	Shift+F6	删除关键帧
S	墨水瓶工具	Ctrl+Alt+C	复制帧
K	颜料桶工具	Ctrl+Alt+V	粘贴帧
I	滴管工具	Ctrl+Enter	测试动画
E	橡皮擦工具	Ctrl+Shift+Enter	调试动画
H	手形工具	Ctrl+Alt+Enter	测试场景

附录2　　Flash能力提升网站推荐

为了提高学生制作文件的水平和效率，这里列举了Flash的一些经典网站。这些网站提供了制作和设计文件的小技巧，帮助用户进阶。

1．我要学Flash（http://51xFlash. com/）

我要学Flash网可帮助用户方便找素材和教程，其提供了透明Flash素材、Flash时钟、Flash特效、Flash player、Flash插件、Flash片头、Flash文章、Flash源码、Flash素材、Flash教程等。读者可通过该网站学习和下载Flash素材，图附-1所示为我要学Flash网站首页。

图附-1 我要学Flash

2. Flash在线（http://www.Flashline.cn/）

Flash在线是一家主要面向Flash动画爱好者与全球Flash行业用户的专业Flash素材源码共享平台网站，提供了全面的Flash素材、Flash源码、Flash模板等Flash动画下载网站，以及软件教程和代码素材。用户可轻松下载Flash各种素材，并学习Flash各教程，图附-2所示为Flash在线网站首页。

图附-2 Flash在线